TRUST IS THE KEY
TO MOVE FORWARD

我們憑什麼
信任？

————————傑出組織的秘密武器

陳朝益
David Dan ■著

「如何讓改變發生？」系列叢書 讚譽＆薦讀

—— 曾憲章：科技遊俠（本書作者 David 的導師）：

好友陳朝益兄出版《如何讓改變發生》這套書，與讀者分享領導力的四個關鍵主題，幫助領導者在變化多端的大衝擊時代，成就更有信任的組織與未來，值得年輕人細細閱讀。

朝益兄是台灣 Intel 創始總經理，業績傑出，戰果輝煌，甚至超越了 Intel 日本業績。在職場最高峰期，考慮到「家庭優先」，毅然決然放下職場的榮耀和對名利的追逐，開啟「人生下半場」。已陸續出版了五本書籍，並自我學習精進，提升到「高階主管教練」，協助領導者「創造改變的價值」。

朝益兄由一個科技老兵轉軌為「領導力教練」，成功轉換跑道，實現「對自己有意義，對他人有價值」的人生最高境界！值得欽佩與學習。

—— 駱松森（香港大學 SPACE 中國商業學院高級課程主任）：

在我們研究生的課程中，大部分的高管都是熱愛學習和追求前沿的知識，可是，在課堂討論中他們的表現不一定能夠把理論應用到工作中；陳老師用他親身經驗來告訴我們這個知易行難的問題是可以解決的，一一跟自己的內心對話，尋找感動生命的地方和努力追求激動人心的事情。當然，如果遇到不知道怎樣處理的情況，有教練的陪伴更能讓改變發生。

—— 陳郁敏 Ming（Happier Cafe 更快樂實驗所創辦人，漣漪人基金會共同創辦人：

「領導力從塑造自己開始」：

陳朝益教練在本書中分享他自己改變的心路歷程—從「陳總」到陳教練的自我揮灑旅程。在這個特別的旅程中，他塑造新的

自己，設計一個更精彩的人生下半場。

我不認識以前的陳總，但在現在的陳教練身上我看到：

· 他改變的決心

· 他對自己的期許

· 他有策略的計劃

· 他執行的紀律

· 他的堅持

為了做脫胎換骨的改變，他用兩年時間，離開熟悉的朋友們，專心投入於轉型路。過去以「快狠準」為傲的他，成功的蛻變成一位充滿好奇、開放、感恩和學習的人。他不怕展示自己的脆弱，更享受和別人「合作共創」新的可能。

改變自己是每一位領導者都需要的能力。

當我們每個人都擁有讓自己變得更好的能力，世界就會更美好。

——方素惠（台灣《EMBA》雜誌總編輯）：

從永遠走在前頭的科技產業總經理，到不斷要人「慢下來」的高階主管教練，David 教練自己的轉型之路，就是今天領導人最好的典範。

他累積了多年跨國領導人的實戰經驗，卻在進入人生下半場時「自廢武功」，重新謙虛地學習一門新功課：教練。然後當他再度出現在企業領導人身旁時，沒有人比他更適合來告訴大家，如何轉型，如何傾聽，如何建立團隊的信任，如何讓改變發生。

在這套書中，他的真誠、開放、樂意助人，是教練的專業，更是David 的獨一無二標誌。

──陳正榮（牧師，生命教練）：

「信任」不是點頭認可，信任必須去贏得，不是認同就可以達到的，因此它必需經過時間的考驗。信任是當原則與價值深植人心時，才可能獲得的。價值不是教出來的，而是活出來的，這就是為什麼信任很難建立的原因？因為很多人知道，但是活不出來。

──吳咨杏（Jorie Wu, CPF〔國際引導者協會認證專業引導師及評審〕，朝邦文教基金會執行長）：

身為一位專業團隊引導師，我和 David 在很多的引導 / 教練學習場合相會。對於他廣於攝取知識的好奇，善於學以致用的能力，我總是很佩服；更是臣服於他有使命地分享與傳播他的「教練之旅」。他自身的教練奇蹟之旅，很自然地讓人信任地跟隨他探究竟。改變就是從信任開始的，不是嗎？

在《力與愛》（Power and Love：A Theory and Practice of Social Change）一書中，作者亞當 · 卡漢談到「力是自我實現的動力；愛是合一的動力」。一位教練型領導人想必會懂得平衡力與愛，以成就他人共同完成大我。一位教練就是運用透過信任連接別人，開啟改變的關鍵，不是嗎？

閱讀他的新書，彷彿向生成的未來學習，這也是面對複雜與不確定環境唯一的策略！不是嗎？

──劉匡華（5070 社會型企管顧問有限公司 總經理）：

陳朝益（David Dan）先生擔任 Intel 台灣 CEO 時，我們公司為 Intel 作獵才服務。百忙中的他只要是對的人才，任何時

間（含週末假日）他都願意面談。他任職 Intel 時，在成大校友會上有關生涯規劃的演講稿，十年後仍在網路上流傳。可見他在進入教練生涯前就是個有慧根的 CEO。

David 在這本書裡坦誠的分享了他如何從職場的 CEO 轉變成一位企業教練的心路。諸如：

「不是前面沒有路，是該轉彎了」

「信任是有效溝通的第一步。」

「改變有痛就對了」。

「（領導者）每次與人談完話想想，我說話的時間少於對話時間的 25% 嗎？」

這些句子都於我心有戚戚焉。

——潘婉茹（Effie，團隊關係與領導力教練，《夥伴教練心關係》譯者）：

領導人決定團隊改變速度：

這幾年來，「改變」議題經常在個人與組織發展議題中出現。

這套書提出「自我覺醒」往往是改變的重要開始。當人們自己意識到有改變的需要，才會付出真心承諾的行動。

主管們在組織裡的模範領導，也包含了行為改變的展現。相同的，他們也必須先意識到，自己的行為改變將會是團隊改變的重要關鍵。

當領導人願意打開自己，展示脆弱，邀請身邊的工作夥伴對於他的行為改變給予回饋——由此團隊的信任關係將逐步蔓延，而團

隊的改變也才會一步步發生。

──黃卉莉（慧力教練，生命・領導力・安可職涯教練）：

與陳教練首遇，是在我 45 歲正計畫回台，同時想要結束十年不再有熱情的財務顧問工作。但甚麼是我擅長、有熱情、覺得被重視、能幫助人、且持續有收入的天職呢？我盼望在人生下半場，冒險怎樣的英雄之旅，追求怎樣的生命經驗與意義呢？

依然記得當時教練陪伴我同在與同理的安全感，生命得以安歇在一盞燈一席話一段路上。就因著這樣的感動和管道，讓「改變發生」的自己現在也正走在教練修練、自我領導（self-leadership）與成人學習之路，專注在「幸福」（wellbeing）、「潛能」（human potential）與適應新時代所需的發展工具。期許這套書的讀者能成為挑戰現狀、發掘理想真我的變革者，透過生成的對話，共創一個豐盛人生／組織／社會。

──陳乃綺（上尚文化企業有限公司執行長）：

我學生時期在教練協會擔任志工，David 是那時候的協會理事長，在他身上我學習了很多領導者該有的風範，而在他帶領的協會中，我常擔任 Coachee（被教練者），因此我更是一個教練領導的受惠者。

同時，也是「教練」讓我生平第一次照鏡子，在某一位教練的資格考中，我成為一位女教練的 Coachee，這也是我第一次正式接受過教練，在這之前，我常自我感覺良好，我從不覺得我的有什麼問題。而幾次的教練會談下，我突然發現⋯我認定自己的形象和實際的我，好像不一樣⋯；老實說，第一次的自我覺察，當下的感覺不是太好。

因為，我像是活在一個原本沒有鏡子的世界裡，我總以為我有和

明星林志玲一樣的外貌，但是當教練幫我拿出了鏡子，我內觀自己，一時很難接受，原來我有這麼多缺失，可以更好。

當人要改變自己的造型，就要先看到鏡中的自己，接受自己的外型特色，然後找出最適合的髮型、服裝來搭配，你的改變就對了。

這五年來，在經過幾位教練的協助之下，現在的我，自我覺察的能力提高很多，我也很習慣勇敢的面對自我缺失、改變自己、修正自己，已經是我常常面對的課題。而這樣的自覺能力，讓我在公司的領導上更事半功倍

本人很榮幸受邀寫序。我的禿筆卻未能盡到此書之價值，讀後實在獲益不淺，鄭重推薦給大家喔！

——王昕（德國 Bosch 總公司 項目經理）：

「一盞燈，一席話，一段路」這是陳朝益老師在我腦中最先浮現出來的一幅圖像，在過去十年來，他是我的生涯教練；從大學時代決心到德國留學，畢業後經歷經濟危機中漫長的等待，到初入職場，進而轉變職能方向和所屬行業以及後來成家，為人父母，到現在面對的是下一個十字路口，陳老師一直在我的身旁陪伴，這是我最感動的地方。個人，家庭，工作，他的生涯教練，貫穿著一種感動，是喚醒年輕人發現自己生命裡那部分被忽視遺落的感動力量。

在工作與家庭，個人與周遭，在陳老師的陪伴裡，自己體會最深的部分，其實是理解人的部分和關於愛的力量。人都具有相同的最本質的部分，那就是愛和信任；人，都具有相通的相處過程，是接納，尊重和信任。在職場和家庭，不同的場景卻都需要相同的那一個「有擔當」（Accountability）和「有溫度」的人，如陳老師所說的，我們不應僅僅看到人表象的行為而真正注意到他深層次的動機，去「尊重」（Respect），去「感激」（Appreciate），

去用動機回應動機,做一個在困境和危機中靠得住的舵手,主動地駕馭你生命的船。

改變只是在轉念之間,年輕人那種一時無望的焦躁感和失去方向的無力感,就僅僅會被教練的一句話而驚醒,像是「不是背上的壓力壓倒我們,而是我們處理壓力的方法不對」,又比如我們常懷疑「人生的道路,到底是事業第一還是家庭優先?」教練正是那個在關鍵時刻能喚醒你的人。

人生就像一場關於信任,改變以及自我領導力的革命,關乎你,我,家庭和職場;陳老師幫助了我,也希望他的這套書能成為你生命裡的光和鹽,祝福你。

我們憑什麼
信任？

目錄

5 ｜破冰之旅：如何重建信任？

我們憑什麼**信任**？
TRUST IS THE KEY TO **MOVE FORWARD**
- 0 1 4 -

推薦文 1

一盞燈、一席話、一段路

佘日新 教授（逢甲大學講座教授、財團法人中衛發展中心董事長）

一個動態的世局，只有可能、沒有答案。

「動態」源自於世界的複雜，複雜之間又因開放的鏈結，因果關係變得更為複雜。全球化三十年來，歧見鴻溝日益加深、貧富差距日益加劇、各個階級的對立日益明顯，各國政治領袖的政見多流於「只有感動、難有行動」的困境。

近五年來，伊斯蘭世界受到正式或非正式的勢力打破了均衡，從「茉莉花革命」引發的北非動盪、到兩伊的板塊移動、到敘利亞內戰引發的難民潮、牽動了西歐的不安定、到英國脫歐，一張張骨牌般傳導了不安與不滿的情緒與情勢，我們所期待的政治領袖似乎一再令人失望。貧富差距加重了產業領袖肩上的擔子，全球產業急行軍了二十年，過剩的產能、均一的產品、企業的社會責任、生態與環境的挑戰，在在挑戰著企業領袖的領導能力，就業與所得在經濟動能普遍不足的狀況下，成

為政府與一般民眾對企業主的股股期許，但，真正能展現「創業能量」（Entrepreneurship）以突圍的領導力仍是偶然、而非必然的。

認識朝益兄有好一陣子了，他應該是我所認識最認真的退休人士。往來於美台之間，每次回美國總是排滿了教練課程的進修，汲取先進經驗中的最新知識，內化、轉化為台灣情境可以運用的教練方法，回到台灣就風塵僕僕地陪伴亟欲從他那兒獲得教練引導的專業主管。三不五時，我會邀請他到大學去向高階主管講授「教練學」（Coaching），對台灣主管而言，尚在賞味期的「教練學」宛若大旱逢甘霖，對朝益兄有別於過往的「訓練課程」（Training）和「導師制」（Mentoring）的教練學深感著迷，高階課程的學生爭相接送老師的盛況，反映了學生想從老師那兒多挖些寶的渴望。我們也私下洽談在各種平台上合作的可能性，無非就是希望對於家鄉的人才多盡上一點棉薄之力，讓人才成為家鄉再現風華的重要基石。

朝益兄這系列有關教練的套書，主題分別為「信任」、「如何建立自己獨特的領導風格」、「如何讓改變發生」、「傑出領導者的關鍵轉變」與「如何讓改變發生的 50 個關鍵議題」。在書中，朝益兄不改其長年任職跨國大公司的溝通與記憶方法，

提出如「5C架構」、「SCARF」、「GROWS 2.0」這些智慧與執行的框架，潛藏在書中各個不同章節中，等待讀者去採礦。其中，有一個新的字詞閃亮登場：「領導加速器」（Leadership Accelerator），吸引了我的注意力。

全球這些年受到德國「Industrie 4.0」的啟發，紛紛推出跨世代的代別註解，富二代有別於擁有大量財富的創業家、行銷 4.0 傳遞的是一個迥異於過往三代行銷手法的新型態行銷。加速器是創新驅動的經濟體中，至關重要的創新（業）育成中心（孵化器）的進階版，但那個加速器不是一個當下紅遍全球的「創客空間」，也不是一個政策獎勵，而是我最喜歡的「一盞燈、一席話、一段路」。

第一次聽到朝益兄說這三個一，腦中即浮現生動且深刻的畫面，因為我的妻子明軒過去二十年的工作就是「一對一」，生命的積累一點也加速不來。當一個高階主管踏遍了大江大海、呼喚了大風大浪，真正能撼動得了內在的所剩無幾，正如經典名著《小王子》的那句經典台詞：「只有用心看才看得清楚，重要的東西是眼睛看不見的。」那些高貴、無形、又深邃的礦藏，不但無法迅速開採、也無法大量生產，自然也無法以教育訓練或導師制加以開採的，時間是必經的歷程、壓力是結晶的根源、陪伴是支撐的鷹架，一個有經驗的教練扮演的角色影響

這類工程品質甚鉅，等「礦坑的鷹架」拆除，顯現出來開採的成果是不太值錢的煤、亦或是價值連城的鑽石，即決定了高階主管對自己的交代、對組織的承諾、與對社會的貢獻價值。

當前舉世公認最強大的「精實管理」，起源地豐田汽車有一個理念是「造車先造人」，這句話值得我們細細品味。人是一切的基礎，但大多數組織卻花很少的精神與時間「造人」；就是因為人造得不好，所以組織呈現的是混亂居多，弔詭地否定了組織存在的價值。造車，工人們可依照設計藍圖施工，但掙扎著要造人的我們卻連生命藍圖都沒有，更諷刺的是連自己的藍圖都沒有；一路揣摩、一路失敗、一路奮起，其間有的是人生的精彩、有的是人生的悲哀。「孤峰頂上、紅塵浪裡」描寫的正是領袖（高階主管）的孤獨與險惡，幸運的人有同伴願意傾聽、最幸運的人則有教練願意以一盞燈、一席話、一段路，陪伴你邁向人生的精彩。

這是一個動態的世局，只有可能、沒有答案，答案要自己了悟！

推薦文 2

誰先學會改變，才是真正的領導者

劉寧榮 教授（香港大學 SPACE 中國商業學院總監）

　　陳朝益先生是一名出色的教練，也是與我們中國商業學院（ICB）合作無間的老師和一位值得信賴的老朋友了。ICB 成立以來，我們合作過的老師無數，但真正能靜下心來寫書的並不多。這次看到他又有新作出版，恭喜之餘亦有些許感歎。這個年代，互聯網充斥我們的資訊世界，我們又都被日常的瑣事完全占據，能讀書的機會本來就少，能引人共鳴的好書更是越來越少。

　　他的這套系列著作《如何讓改變發生》引起了我的共鳴。和今天許多的中國企業一樣，ICB 也正經歷著飛速發展期，這套書中提到改變的四個階段：「信任」、「獨特的領導風格」、「如何讓改變發生」以及「高管的最關鍵轉變」，我們每天都在面對。用陳先生的話說，是「從管理走到領導的新境界」。我想，僅憑這句話的「境界」，就值得我們去讀一讀這套書。

　　其實，對於管理，老祖宗們很早以前就教給我們了。我們

從小就知道的「知人善任」；「用人不疑，疑人不用」；「誠信為本」……恰與今天的組織對內要建立上下屬之間的信任關係，對外要樹立企業形象、維護企業信譽等等概念不謀而合。然而，中國人本身骨子裡對人際交往採取的「謹慎」態度，老祖宗也一樣提醒了，「防人之心不可無」嘛！到了今天，團隊之間需要互相「信任」的道理大家都懂，真做起來，就不是那麼回事了。

同樣，企業誠信是從前中國人從商的最基本守則，從紅頂商人到「徽商」、「晉商」，中國人是最早把為人處事的最基本道理帶進商業流通領域並一以貫之的。很可惜，這些做人做事的淺顯道理不少人都拋之腦後了。因此我們有必要好好審視自己做企業的良心，建立企業的良好形象，贏得社會的信任。而信任不僅是一個社會可以和諧發展的重要條件，也是一個企業可以長青的基礎。

我還想說幾句關於「領導風格」的問題。綜觀歷史長河，出色的領導者一定有其獨特的個人風格與個人魅力，這一點毋庸置疑。關鍵的問題，是怎麼樣從「管理者」蛻變為具有「獨特領導風格」的領導者。我總以為，領導者所具備的某些共同的要素是與生俱來的，與其個人性格、生活背景密不可分。中

國兩千年的「封建」史，名垂青史的不過那幾位皇帝，他們個個具有不凡建樹，連帶著他們那些時代的真正管理者——大臣們，也是一批批地出現。可見，管理者本身蛻變為領導者之後，剩下要做的事就是批量製造更多高品質的「管理者」了。如果領導者只是一味地著眼於企業營運，卻不重視培養管理人才，提供人才發展的階梯，便也做不到陳先生在書裡說到的「華麗轉身」，或去思考如何讓企業「永續發展」，從而成就自己的生命高峰了。

最後，再來說說「改變」。陳先生在他這套書裡所說的改變，背後的原因不外乎兩個：一來外部環境變得太快，英國人說「脫歐」轉眼就真的脫了；二來也有這樣的情況，真的有那麼些人，居安思危，在被改變之前首先改變自己。在我看來，後者才是真正的領導者。現如今，全球的企業都在面對改變，而這些改變又往往是領導者所引領和推動的。在無形的商業戰場裡，誰能快人一步的改變，誰就是最終的勝者。

2016 年 8 月，香港

推薦文 3

領導，在領導之外

黃清塗（基督教聖道兒少福利基金會 執行長）

　　我在2011年接下基金會執行長，對於這個新的單位的發展還是帶著忐忑的心；那時有機會拜訪當時「台灣世界展望會」杜會長，他提醒我，「領導者應該多問題，而非講過多的話。」它就如同一把鑰匙，開啟了我個人領導另一個探索之門。

　　我服務的基金會屬於中介型的組織，對於接受協助單位的績效會持續追蹤，發覺多數單位執行績效與團隊組織負責人的領導思維息息相關。我回顧自己的領導養成是沿路摸索，如同走在漆黑的隧道中，內心戰兢，深怕出什麼差錯，渴望有個扶持，內心有種不知道何時可以看到盡頭亮光的徬徨與煎熬。基金會乃研議開領導方面的課程，在2015年初與陳哥有機會合作，除了提供協助單位夥伴團隊訓練的機會，自己也再經歷一次系統性領導的內在對話、驗證與學習。

　　團隊若以領導者意志為核心，將個人成功的經驗或想法強加在下屬，要求服從，下屬只是遂行領導者意志的工具，組織

將呈現單一向度，團隊中的成員個人創意無從發揮。今日已經進入個人化的網路社群時代，環境變化與多元型態更加劇烈。前線任務執行者決策能力的強化可以建立更迅速回應環境變化的組織，錯誤將成為個人與組織成長的養分。

　　理想的職場既是工作場域也該是成長的處所。主管若能相信員工有解決能力，站在員工的同一邊，而非對立面看問題。透過提問釐清問題、協助員工覺察盲點與建立目標，最終建構員工的思維架構。員工承擔任務即是內部彼此對話的基石、建立信任媒介，甚至是人才培養的管道。由於員工在任務完成過程高度的參與，對工作有強烈的擁有感，當責感由心而生，而非來自於組織的要求。

　　若對管理與領導下這樣的定義：「管理著重看的見部分的處理，領導則是看不見部分的面對。」以 101 大樓為例，管理是大樓的外貌或施工品質。領導的信念如同穩大樓重心的阻尼器，設計的良窳決定在地震或高風速的狀況下，大樓主體的搖晃程度，除影響住戶舒適及長遠對建築主體安全的影響。

　　我自己曾有過和伴侶鬧僵的經驗，也會和員工也有過正面的拉扯，曾有過不被信任的經驗，自己的行事風格可能會讓員工經歷這種憤怒與沮喪。這些看起來極為瑣碎、相關或不相關

工作上的事，卻不時挑戰個人領導的信念。「你願意人怎麼待你們，你們也要怎樣待人。」信仰裏古老的提醒，對領導者仍然鏗鏘有力。

被外部期待的工作表現、環境挑戰與內心恐懼，如一層層灰土覆蓋在自己作為一個人與對待人的初衷。我是誰？相信什麼？想看到什麼？是每個領導者必須自己填寫的答案。「信是所望之事的實底，是未見之事的確據。」這一趟信心之旅，我還在途中，教練幫助我點亮了那一盞燈，讓我看到希望。

朝益兄本身產業界的經歷豐富，退休後個人孜孜不倦的在領導這個領域進修，我其中受益者之一。他這套套書出版，提出領導中許多重要的概念，並輔以案例說明，對領導者將有醍醐灌頂之效。

2016 年 7 月 31 日

系列叢書 作者序

昨日的優勢擋不住明日的趨勢
──學習改變是我們唯一的出路

這是個產業變革翻天覆地的時代。

「多元，動態，複雜與不確定」（DDCU, Diversity, Dynamics, Complexity, Uncertainty）已是這種時代的常態。

許多的領導人和經營團隊都明白：「不是前面沒有路，而是該轉彎了」，他們更需要比過往任何時刻更多的「學習力」和「應變力」去面對這樣的環境。

可是，許多領導者都「知道」要改變但是卻「做不到」，我花了許多的時間來研究和探討這其中的因由，最後我總結了幾個關鍵課題：

- 知道但是做不到：我知道它的重要性，但是不知道「如何才能讓改變發生」？

- 如何由管理轉型到領導：如何從「要我做」轉化到「我要做」？這説來簡單但是做起來不容易，如何讓員工樂意參與貢獻？

- 斷鍊了，該怎麼辦？「信任」是有活力組織的關鍵粘著劑，領導者們知道它很重要，但是卻不知道怎麼做到？

- 如何學習領導力？許多人怎麼學都學不像，心裡好挫折，也不願意成為另外一個人，如何長出自己最適合的領導樣式？

做為企業高管教練，我深深感受到華人社會的這段轉型路走起來並不順暢，有些原因是來自「自我內在對過往成功的慣性或是驕傲」；也有些原因來自「對未來的不確定性的恐懼」或是「不知道該怎麼辦到」？「改變」本來就是一條大家都沒有走過的路，在以往的經驗裡，企業組織及至個人，就是藉著培訓或是專業顧問來面對這些挑戰，但是這些手段已效果不彰，怎麼辦？

"用進化版的自己面對明天"

處在這樣的時代裡，唯一不會變的就是「必定需要改變」

這件事，因此如何「學習，覺察，反思，應變」是必要的基本功，對於我自己，我每週都會定期問自己這幾個問題：

- 在過去這段日子，我感受到什麼變化？
- 我做了什麼改變？
- 我從中學習到什麼？
- 下一步，我如何能做得更好？

對於我的教練學員，我也期待他們定期問自己和他的「支持者」（Stakeholder）兩個簡單的問題：

- 在過去這段日子（基本上是一個月）你觀察我做對了那些事？
- 在下一個階段，你建議哪些地方我可以做得更好？

我常用「Cha-Cha-Cha」作為公開講演的題材，它指的是「改變（Change）─機會（Chance）─挑戰（Challenge）」，在每一次改變中會存在許多的機會，但是中間也同時存在許多挑戰，有些人受限於他們自己過往的經驗，比如說「這不可能，太困難了」而選擇放棄，他們面對不確定性恐懼的態度則是「不

管三七二十一，逃了再說」（Forget Everything and Run）。

　　但是，也有許多人敢於面對這些挑戰，他們也會有恐懼並經歷過許多困難，但他們選擇「勇敢面對，奮勇再起」（Face Everything and Rise-up），也許會經歷失敗，但是這卻磨練了他們的筋骨，越戰越勇；在這種多元多變化的時代，一個人的成功不再只靠自己既有的素質或是本質，如何發展自己的「潛能」，開展自己特有的「體質和特質」，積極面對以跨越和實現「明天的趨勢」，正是這套書所要專注的課題。

　　我將在這套書中呈現的，不是那種有關「你應該怎麼做⋯」的知識性、「灌能式」領導力傳道書。做為一個專業的企業教練，在我心中沒有「最優秀」只有「最合適」的領導力，每一個領導人的行為會因為不同環境和氛圍而產生改變，比如說，它會因為不同的「所在地，組織／團隊文化，時間，場域，人文風情，環境氛圍，組織內領導人或是團隊的管理和領導方式，服務的對象⋯，」等而會有所不同（也必須有所不同），有智慧的人會因地制宜，做出最佳最合適的轉換，這是「適應環境的能力」或稱為「應變力」。這不只是要靠知識和經驗的積累，更需要能「開竅」激發出領導人的智慧潛能；我們要如何能達成這個目標呢？這即是這套書的寫作動機，我將試著由以下這些方法來闡述：

- 專注在「華人文化氛圍」內領導力的「Cha-Cha-Cha」。
- 使用教練和引導型的對話和故事型的案例陳述，而不是「教導型」的論述。
- 在每一個關鍵環境，引導讀者「反思，轉化，應用，行動」（RAA: Reflection, Application, Action)；我個人深切的理解「暫停」的力量，這是我們回來自己「初心」的時候，也期待讀者們在這套書中多問自己：「我在哪裡？我選擇去哪裡？我該做什麼改變？」

"「換軌與精進」"

這也是一套與領導力有關的「換軌，精進」自我教練書，有人曾經問我管理和領導的差別是什麼？我給他們的簡單答覆是：

- 管理是「要我做」，領導是「我要做」。
- 管理是「著力在人性的弱點」，領導是「著力在人性的優點」。
- 管理是「有效率的將事情做好」，領導是「吹著口哨有

效率的將事情做好」……。

這些都是一聽就明白的淺顯論述，我的使命不在分享「管理和領導是什麼、不是什麼」，有關這些知識的書籍汗牛充棟，我的使命是協助有意願改變的人「如何讓改變發生？」，並因此成為一個傑出的領導人。

有人說「知難行易」，也有人倒過來說「知易行難」，做為一個生命教練，我則要說：「由知道到行道是世界上最遠的距離」，如何協助被教練者優雅的轉身是身為教練最重要的價值。

同時，這一系列四本書的價值或許也不在於它傳遞的知識內容，而是它帶給你的感動和行動力量，希望能引導出你對組織和社會改變的價值。同時，我也希望保持每一個主題書的獨立性和完整性，而不必再去參考其他的書籍，包含本套書和我個人以前的著作，你可能會經歷到到一些重新出現的圖表或是教練工具，在此先行致意。

以下容我簡單敘述這套叢書中每本書的內容：

◆（1）信任（Trust）：

我們有許多的組織「斷鍊了」，可是最高領導人毫不知情，還是自己感覺良好；大家都有騎自行車斷鍊的經驗，在組織裡，

許多高層主管非常的努力，兢兢業業的在經營，可是團隊就是跟不上來，有位董事長就告訴我「為什麼我事業這麼成功，但是我還是這麼辛苦？」在和他的高層主管面談後，我告訴他「組織斷鍊了，這裡有嚴重的信任缺口」，原因很多，不是簡單的「計劃趕不上變化，變化趕不上老闆的一句話」，還有更深層的「信任危機」，在這本書裡，我們要專注的是：

- 如何覺察斷鍊？
- 如何建立信任？
- 如何分辨信任？
- 如何重建信任？
- 如何檢驗信任的強韌度

◆（2）如何建立自己獨特的領導風範（Build Up Your Signature Leadership Style）？

這是我的招牌教練主題之一，在各組織或是在EMBA裡最被需求的課程，它是我個人過去三十餘年來研究實踐後的領導力發展結晶。

大部分的組織現在正由「管理」轉換到「領導」的道路上；管理是科學，它可以學習和複製，但是領導則不同，它不再只

是「懂就夠了」的知識，而是要「歷練後才能擁有」的個人能力，要在「歷練，反思，學習」過程中長成，一步步發芽成長，它需要時間，也需要一些錯誤學習的經歷；我的企圖心是不只要能「傑出」，更要能成為有「風範」的領導人，我在這本書的三個主要議題是：

- 教練型領導力（Coaching Based Leadership）
- 建立個人獨特的領導風格（Build Up Your Signature Leadership Style）
- 領導風範（Executive Presence）

在本書裡我不打高空，只針對這些主題作了清晰的闡述，有原創模型，自我的現況檢視表和工具箱，一步步幫助讀者走出來你自己的領導風格；沒有對錯，只有「選擇」哪一個方式對你自己最合適，那就是最好的答案。

◆ （3）如何讓改變發生？

坊間有太多的書是談「改變」，這是「知識」，「懂知識」還不能夠改變，要能衝破那「音障」走過那「死亡之谷」，改變才能發生。聖經裡有段話非常的傳神「立志為善由得我（知

識），行出來由不得我（行動）」，你認同嗎？為什麼呢？這是神在人體上設計的奧秘，所以我也稱這本書是「人體使用手冊」，由人的本質來理解如何來讓改變發生？不談理論，懂還不夠，要敢於跨過這「恐懼之河」，走出來，做出來。

這本書以教練的專業和「合力共創」的精神來和讀者一起來啟動改變，讓改變發生，我們要深入人的內心世界，探索我們的心理狀態，找到自我改變的理由，動機和動力，自己來啟動改變，來完成由「要我做」到「我要做」的轉型。書裡頭有心理層面的探討，也有執行面所需要的工具箱，讓改變發生，成為常態。

我們使用教練流程，不是說「你應該…」而是探索「你想要…」的可能，讓每一個人願意做真誠的自己，扮演他自己作為領導人的角色，讓團隊看見陽光和希望，成員們願意參與和貢獻，自己肯定在組織裡的價值，告訴自己說「值得」，這是個人所需的那份「幸福感」。

◆（4）傑出領導人的最關鍵轉變（Executive Coaching）

在專業的教練領域裡這叫「高管教練」，這是我定期在香港大學「SPACE教練講座」裡所專注的課題，這是針對在職高層主管所開設的工作坊，每一期學員的反應都是非常的熱烈，

有實例，可操作性也高，也是我個人做專業教練唯一的課題，如
何幫助中高階主管換軌後再精進？這本書的內容，與其說它是
教案內容，不如說是我在「教學相長」後的實驗成果；在我做
專業「高管教練」多年後，經由高管教練間的互相學習（我每
一年會參加國際上高管教練的先進課程或是研討超過 100 個小
時），經由一對一個案教練案例的學習，或是經由教練工作坊
裡學員間的討論所學習到的智慧，在加上個人過去作為高管的
體驗，我努力將這些心得沉澱下來，目的不是只為「有困惑」
的高層主管們，更為「很成功的高管們」而作。

　　我們常說「失敗為成功之母」，但是作為一個教練，我們
更常看到「成功為失敗之母」的殘酷現實，諾基亞（Nokia）前
總裁約瑪·奧利拉有一句經典的話：「我們並沒有做錯什麼，但
不知為什麼我們輸了」在多年後，歐洲著名的管理學院教授在
訪查該公司後做出的結論是「組織畏懼症」，這是過度成功後
的盲點「驕傲，自信，太專注，聽不進去不同的聲音，易怒，
好強爭勝，貪婪……，」最終敗在「市場的遊戲規則變了」，
但是高層主管沒有察覺或是沒有及時應變。

　　這本書裡，我建立了一套機制，讓領導人能活化組織，傾
聽不同的聲音，再來釐清，分辨，判斷，合力共創，採取決策

和行動，這也是一本主管們的自我教練書。

　　高管的角度會較「全面，系統，多元，多變」，而且也較「極端」，由這個角度出發，這本書對於有志於未來成為高管的人也會有價值；這是一本由「心思意念」的改變，走進「行動改變」的教練和引導書籍，「由內而外」（Inside Out）和「由外而內」（Outside In）兼顧的教練轉型書。

◆（5）50 個關於改變的關鍵議題

　　這是一本工具筆記，特別提供給購買全套書的讀者。它將收錄這套書裡的教練模型精華，你可以隨身攜帶或是放在你的桌前翻閱，我將重要的觀點整理，並針對它提出一些挑戰性的問題，希望有助於你再一次反思學習，再陪你走一段路。

" 使命與感謝 "

　　米開蘭基羅在雕塑完成「大衛」的雕像名作後，他告訴許多人：「我並沒有做什麼，他本來就在那裡，我只是幫他除去多餘的部分罷了」──這就是教練的本質，也是這四本書的使命，我們不再傳遞更多的新知識，書裡談的內容你都明白，我想做的事就是點亮那一盞燈，讓你沉睡的靈魂能甦醒過來，願

意開始展現你最好的自己，走上你的命定！

　　面對組織和領導者所面對的挑戰，我知道我們社會裡還有許多的專家，我只是勇敢嘗試著將自己的所知所學以及所做的寫下來和大家分享，這是「野人獻曝」也是「拋磚引玉」，現今是一個轉型的關鍵時刻，我們不能再等待，需要更多的合作和努力，一起來協助有企圖心的領導人和組織成功順利的完成轉型路，這是我勇敢出版這套書的動機，容我也給讀者們挑戰：「面對這千載難逢的轉型時刻，你能貢獻什麼？」讓我邀請你參與來合力共創。

　　本書能順利出版，除了感謝家人和出版社鄭總編輯對我的信任和厚愛之外，我還要特別感謝：

- 教練界和學術界的前輩和專家們：他們給我許多的養分，這套書不全是我的原創，你會不斷的聞到前人的智慧和足跡，我會盡量表示出處或是原創者，如果還是有錯失，請你們原諒我的冒犯。
- 我的教練學員們（Coachee）：不論是一對一或是在團隊工作坊裡，在對話裡，在案例的討論或是課後的報告，我都看到許多精彩的教練火花；我由你們身上學習

到的，比你們想像中的還多，感謝你們。

- 我的教練夥伴們：在不同的項目裡，我會邀請不同專長的夥伴與我同行，我「不局限在教練領域」（Beyond Coaching），我的目的是「幫助人成功」，「樹人」才是我的目標，感謝夥伴們幫助我開啟另一扇窗，讓我經過「合力共創」來開展另一種可能來「成就生命」。

- 我的臉書（FB）社群同伴們：我出版的每一本書都有一個臉書專頁，針對不同的主題和對象做不同的分享和討論，我會定期拋出一些相關議題，請大家來提供意見，也許我們還不認識，但是你們的反饋幫我看到不同的價值世界。

TRUST IS THE KEY
TO **MOVE FORWARD**

我們憑什麼
信任？

| 前言 |

為什麼我不敢告訴你我是誰？

我們天生有自動關閉或是選擇傾聽的能力，我喜歡在課堂或是工作坊上問學員這個問題『為什麼我們對某些人說話時會有聽沒有到？』不只是聽不進去，而是完全沒有聽到，你有這個經驗嗎？學員們對這個主題討論的氛圍非常熱烈，意見也非常的多元，比如：不信任，說官話，說話不算話，對方態度高傲自我吹噓，嘮叨，喜歡抱怨，太專業聽不懂，他的立場我不認同，有偏見，來批評我的人，太武斷，來挑釁的，對方心不在焉…等，當我再問大家，哪一個最致命？絕大多數人的答案是『不信任』；爸媽的嘮叨可以忍受，朋友的抱怨可以原諒，立場不同可以包容，唯獨『不信任』就完全斷了線。

人與人間沒有信任會產生疏離，一個沒有信任的組織或是社群，它所帶來的問題會更嚴峻，人與人間無法溝通，主管們沒有膽識做決策，沒有肩膀去承擔責任，人人「相敬如賓」的團隊沒有熱情和活力，組織只能靠「權力，管理」來運轉，決策

基於『我說了算』，決策的品質一落千里，組織裡的會議許多
是『協調會』，高階主管在做『交通指揮型』的決策，運作的
成本大大提升；可是主管們還是沉浸在『自我感覺良好』的氛
圍裡，他們可能不覺察或是不知道還有什麼更好的選擇？每天
還是以傳統的管理手段來指揮大軍，他們會很忙很累，這還是
個鬆散的組織，大家的目標專注在 KPI、SOP、效率和績效，
大家沒有覺察，部門間沒有粘著力；信任好似組織裡的粘膠，
組織內越信任，決策速度越快，品質越高，越分享，越創新，
組織競爭力越強。

　　信任是每一個人天生的本質之一，我們一出生就是活在一
個信任的環境氛圍裡：

- 父母親的愛和家人的接納
- 小孩子的天真無邪，沒有鬼詐
- 我們對每一件所接觸的事和物也是給予信任，比如食
  物，車子，日用品……等。
- 我們對社會價值體系的運作也是給予信任：政府的功
  能，按時繳稅，學校，捷運高鐵的安全，飛機，核電
  廠，銀行，路上的交通號誌，交通規則的遵守…等。

　　當人與人相互以『信任』對待時，我們心裡的感覺是『溫暖，安全，舒適，喜樂』，這是『幸福感』的來源，這是社會的常態。

　　但是為什麼我們又說「人要贏得他人的信任呢？」(trust is earned not given)，當我在從事企業教練這十餘年來，深深的體驗到「信任」是組織和領導力建設現今所最缺的那塊房角石，是誰偷走了我們的信任，讓我「不敢告訴你我是誰？」我不再坦誠的告訴你我的感覺感受和需要了？為的是保護我自己不被傷害；個人「不信任」的原因有許多，最主要的可能是：

- 我的心理疆界被侵犯了
- 我被冒犯了，心裡好痛
- 當我以信任對方的態度來接觸時，對方並沒有及時有正向的回應，我受傷了
- 不安全，不歸屬，不認同，不參與，不支持

　　這時你我有三個可能的選擇： 傾向（move forward），疏離（move away），對抗（move against）

　　當我們清楚的意識到他人有意或是無意的侵犯到我們的心理疆界時，比如說我所屬的工作職責和權限，我們第一個直覺

反應可能會是先批
判後再決定疏離對
抗或是釐清談判；當
我們被冒犯時，我
們和對方的信任鎖
鏈可能就開始鬆動
了，但是我們無法
察覺那個冒犯可能
來自於我自己的軟

弱或是自己內心的傷痕，我們常常會不自覺的怪罪他人；當我們
熱心的以信任的態度來面對他人時，對方並沒有及時有正向的
回應，這可能不是他的專注主題，因此心不在意而沒有察覺，這
是我們常說的「熱臉去貼冷屁股」，令自己感到羞愧，我們的
反應就是「以後別再這麼熱心了」，這條信任的鏈條鬆動了，
而對方可能沒有察覺。

　　這是人與人間的信任，組織與組織間的信任也是如此。

　　當有不信任的氛圍存在時，就會有猜疑，驕傲，評比，嫉
妒，容易被冒犯，過去的傷痕常常浮現，甚至於逃避或是漠視
現實，對雙方合作或是友好的未來沒有希望和信心，結果可能

是互相傷害。

　　我常常會對我的高階主管學員問一個問題：「你的組織健康嗎？」許多高層主管會馬上想到組織的財務報表，我會接著問：「這是組織健康衡量的唯一指標嗎？」，他們知道，做為一個教練，我更關心的是「組織氛圍」，在組織裡「你信任團隊成員嗎？你值得他人信任嗎？」信任關係是領導力的關鍵指標之一。

　　所以，我們要如何建立信任呢？當喪失信任後又如何重建？這就是我利用這本書分享這個主題的目的。

　　建立或是重建要由自己本身開始做起，「做一個值得被信任的人」，信任無法被給予，而是要靠自己的努力和經歷才能贏得，一步一腳印以長時間的見證來贏得，所以我們說「要贏得信任」，但是我們很容易以一句不合適的話語，一個不當的行為或是決策喪失他人對你我的信任；那如何成為一個「值得他人信任的人」呢？面對他人時又該如何付出信任而不被傷害？哪些是著力點？什麼時候面對什麼人只能停留在『淺層信任』的層面？又如何走入「深層信任」階層？

　　當我們失去信任時該如何重建？這對每一個人或是每一個組織都是非常的關鍵，讓我們重回生活在「自然人」的狀態中，舒適、輕鬆、快活、平安、喜樂；這對於組織，那會是「創新、

創造、創業」的三創活力團隊氛圍；這也不就是個人和組織建設所追求的目標嗎？

「信任」是領導力及領導改變發生的第一塊基石，相信你也會和我有一樣的感受。

1章

組織「斷鍊了」

由「盡力而為」到「使命必達」的領導藝術

TRUST IS THE KEY
TO MOVE FORWARD

" 組織斷鍊了 "

在組織裡，我們常會聽到「計劃趕不上變化，變化更趕不上老闆的一句話」，這是組織的現實，許多創業者還是用「為父為母」的心態來經營他們已經長成的中大型企業，員工還是認定「英明老闆的最後決策」；每個空降的高層主管每一次做決策，他底下的老臣總會善意提醒他「老闆同意了嗎？」在這樣的氛圍下，如果你是這位主管，你會怎麼反應呢？有些人就不再動腦筋了，有志氣的人才就「用腳投票」去了。

我認識一個創業多年已經成功的企業家，他以對待家人的心情來對待他的員工和他的合作夥伴，非常的有「溫度」，有一天他告訴我：「我好累，為什麼我的主管不能為我多承擔些責任？」經過我訪談之後得到的結論是「老闆的創意十足，隨時在變，老闆說了才算，和他做事好累！」

在這樣的領導下，員工的無力感大家可想而知，我問他們「什麼原因讓他們願意留下來？」答案是：「老闆是個好人，但是和他一起工作很痛苦！」你有這個經驗嗎？如果你是老闆，這是你的寫照嗎？

還有一家上市集團公司的老闆非常的重視績效，KPI（關鍵績效指標）導向，細節管理，對數字特別的敏感，他的企業

目前就在「高度翻轉中」的行業，也是最需要「三創」：「創新」、「創意」和「創業」的產業，可是這個部分他不擅長，他問我「該怎麼辦？」

我訪談了他各事業部門總經理，他們都是內部長期培養出來或是高薪請來的專業經理人，他們共同結論是「民不聊生，有心無力」，老闆關心的數字是短期績效，但是事業部主管擔心的是「昨天的優勢，擋不住明天的趨勢」，我告訴這位老闆「組織斷鍊了」。

" 一個信任的社會 "

有一次我到一家傳統的小書店，看到許多好書，就一本一本的放在手上，到櫃檯結帳時才發現自己手上的現金不夠用，書店也不收信用卡，當我心裡猶豫的想該如何取捨手上的書籍時，老闆看出了我的心，他說「錢不夠嗎？沒關係，書先帶走，以後路過再還給我」，隔天我就「故意」路過將錢還了，以後我就成為這家書店的忠誠客戶，我感受到那「被信任」的暖流，久久不能忘懷。

年輕時我也常出差到海外，在德國的地下鐵裡，沒有剪票閘，但是並不代表不需要買票，而是「信任」旅客。

在歐美有「30 天內無條件退貨」的潛規則，只要是有發票證明是這家商店買的貨，不滿意無條件的可以退貨，不需要回答任何問題，這是「信任」。也許有人會問：「那會不會有人拿了衣服參加婚禮用了一天，隔天退貨的？」一個商店店長給我的回覆是：「這是非常少數不成熟的人才會有這樣的想法，這個制度帶來的商業利益和業務成長，遠遠超過我們所承擔的風險。」今天的網絡上的電子商務生意不是也建立在這個互信的基礎上嗎？

星巴克創辦人舒茲（Howard D. Schultz）在 2008 年回鍋當 CEO，他的第一份公開的宣言是「我們必須贏回顧客和夥伴（員工）的信任」。

星巴克過去瘋狂的擴張，無視於客戶和員工的抱怨，星巴克成為「不熱的咖啡，沒有咖啡香的咖啡店，假笑」的代名詞，他選擇的第一個著力點就是「建立信任」，今天證明他是對的。

如果你是主管，你會不會有這個經驗，最好的員工，不再是能力最強的那個，而是最值得信賴的那個人。

我們可能一開始會專注在能力好壞上，但時間一久，「這個人能不能讓人放心」，反而比能力好不好更重要。工作交付後可以放心、每次都能依據承諾準時把事情做好的員工，就算他的結果只有 80 分，在主管的眼中，也比那種雖然能把事情做

到 100 分，但總在最後一刻鐘才交件的人來得值得信任。

" 人性的本質 "

　　人是群居的動物，在我們每一個人的心理底層有兩大需要，一個是「被尊重，被接納，被信任」。其次也相仿，就是「被重視，是唯一」，當有權力或是權利的人主動的釋放出「信任對方」的訊息時，如果對方也能及時感受到，給予正向的回饋，這就開始一個「善的循環」，這是自我成長的原動力，也是社會向上成長的動力。相反的，如果對方沒有感受到這個善意，或是沒有回饋，沒有珍惜，甚至誤用這個善意，使出「貪念」的行為，這將導致社會價值觀的扭曲，我們看到社會上有些的富二代的價值偏差行為，他們生下來就被高度保護，自己對被信任認為理所當然或是沒有感覺不珍惜，在「善的循環」鏈條中斷鍊了，間接的會造成社會的亂源。

　　我們生活在一個高度多元的社會裡，我們不斷的受到不同文化的衝擊，包含：

- 　家庭文化和經驗傳承，
- 　朋友圈裡的社群文化或是信仰，

- 組織或是企業的文化，
- 社會或是國家的價值文化。

在每一個社群裡都有它不同的次文化，它代表的一個元素就是價值觀，當「被尊重，被接納，被重視，是唯一」的指標趨向於「評比，競爭，金錢，權位，名利」時，人和人間的信任就相對的淡薄或是被忽視了。

◆ 信任是重要的社會資本

日裔美籍社會學家法蘭西斯・福山（Francis Fukuyama）在 1995 年出版了《信任》（Trust: the social virtues and creation of prosperity）一書，他公開的指出：「有一項文化特徵會影響國家的財富和競爭力，那就是社會中的互信程度，信任的影響力比自然資源還大許多，社會上許多的活動或是商業行為都包含信任這個元素，當長期的夥伴關係慢慢在淡化，信任關係慢慢在失去，這將導致下一波的經濟衰退」，他的這一番話是否正切中我們今日社會的要害？

美國經濟學家和諾貝爾獎得主亞羅（Kenneth Arrow）也說過：「面對今日全球的價值供應鏈，當外包外派代理已經是不可迴避的企業趨勢時，信任是它們運作成功的必要基礎。」

" 華人企業的 DNA：低信任度的華人企業組織 "

　　台灣過去的高度成長主要是來自於中小企業的活力，香港也是依循類似的軌跡發展，它背後來自於家族成員間的信任和團結，華人企業一般來說對外人有強烈的不信任感，偏愛由家族成員來管理事業，這使得華人企業有「富不過三代」的挑戰，第一代是打天下的創業者，以威權和努力來建立他的王國，同時也將自己的家人或是親戚放在最關鍵的位置上，外在的行為很團結，但是內在則隱藏許多的壓力不滿和緊張，最後有問題就是憑創辦人的一句話說了算，早期大家出生貧苦，倒也相安無事，有福同享、有苦同當，在第一代創業者的努力下企業高速成長，但是大部分的華人企業主卻沒有及時將企業轉型為「現代化管理型」企業，引進專業的外部人才，但是重要的職位還是掌控在自己人手中，仍是高度集權，老闆縱使自己說「已經退下了」，但還是每天到公司指指點點，做重要的決策。

　　當第一代人過世後，第二代人誰來接手就是個挑戰，基本上常見的是平分資產，可能採多人共治或是分道揚鑣，這些案例我們今日都很熟悉，以前的威權不再，企業的動力和活力慢慢在消失，內部的權力鬥爭超越外在的競爭，有時得要動用契約來解決內部的問題，領導班子間的信任則蕩然無存，往日犀

利的成功商業模式和競爭力不復見；等傳承到第三代，他們大多在優渥的環境裡長大，視自己名下的資產為理所當然，不懂得感激更沒有心來經營，不願承擔必要的犧牲和風險，有些則對承擔企業「大鞋」的責任沒有興趣，最後只有衰敗一途。

　　這些現象可以解釋為什麼華人的社會多為中小型企業，但是家族企業也不是只在華人的社會裡，在歐美日本也都存在，美國的「中小企業局」（The small business administration）曾公佈美國有八成企業是家族企業，只有三分之一能持續到第二代而不衰亡，這些成功的歐美家族企業在第三代接棒時都已經成功轉型為「專業型企業」，他們到子孫許多是企業的投資擁有者，但不再是經營者。華人對外人的不信任相對地阻礙了公司的專業化與制度化。

　　這些案例還有很多，在此我舉出一個極端的例子作為參考。「王安電腦」（Wang Lab.）是由華人科學家「王安」博士於 1951 年在美國波士頓創立的，它在台灣楊梅還曾有過一個非常漂亮的廠房，1984 年時它的員工高達兩萬五千人，相信台灣還有許多資深的高科技經理人和這家公司有過淵源。在 1990 年王安博士預備功成身退時，他突然宣布由兒子接管整個事業，而不是由大家認定的人選接手，在這個宣布後幾年，王安的人才大幅流動，業績大幅下降，直到 1992 年公司提出破產聲明，

才結束了這場悲劇。

　　華人的企業長期陷入了這因果循環裡，企業的規模無法擴大，企業的經營無法延續，那更難談品牌和國際化了，這是華人企業的魔咒，作為領導人的你，願意走出一條不同的路嗎？

"叛將：企業和個人的價值平衡"

　　2012 年，台灣第 1280 期《商業周刊》的封面故事是「叛將」，報導中的主角曾是奇美電電子第一戰將，在經歷一場高層人士變動，自己沒有被提升到理想的位置後離開老東家，他創紀錄的挖走台灣 200 個面板人才，到中國投效當地的企業建面板廠，背上「叛將」之名。

　　這使我想到奇異（GE）集團每次換 CEO 的戲碼，沒有被選上的都會離家出走，只是沒有到如此轟轟烈烈大規模的帶槍（專業能力）和帶兵將（人才）投靠。

　　2013 年 9 月份，HTC 宏達電一位年薪台幣 1500 萬元（約美金 50 萬）的首席設計師將自己在公司的設計做了個乾坤大挪移，他被問及為何會叛變時，在檢調偵訊中誇口宣稱「沒有我，宏達電會倒！」

　　2014 年 1 月 23 日，富士康爆出高幹集體索賄貪污案，鴻

海「SMT 表面黏著技術委員會」，負責調度整個集團內部設
備、物料與資源，並對外發包採購，甚至握有合作廠商的評估、
建議等生殺大權，一年經手的金額超過上百億人民幣，鴻海內
部稱為「天下第一會」，權力相當大。SMT 副主委，也是鴻海
資深副總經理廖萬成等人，利用鴻海、富士康是全球 iPHONE
最大代工廠，藉遴選供應商資格和採購發包的機會，向合作廠
商索取 2.5% 回扣。廠商送了回扣後，SMT 就發給廠商合格代
碼，取得供貨資格。但廠商如果要進一步獲取標單，還得要再
付一次錢，等於「一頭牛剝兩層皮」…（以上幾個案例的訊息
大致轉錄自當時報紙雜誌的報導）。

　　為什麼以上這些人會做個叛將？當然每一個案例都不盡相
同，但是有個背景是相同的──他們都有名位，有權力和利益，
他們也都深受老闆們的信任，但是為什麼還無法贏得他們對企
業的忠誠和對老闆們的信任呢？到底哪些是信任的關鍵元素？
對於華人企業的領導人們，需要如何努力才能被員工信任，特
別是高潛力的人才，這是我寫這本書的動機，也希望能為華人
企業提供一些建立信任的線索。

"疑人不用，用人不疑？"

　　作為一個企業高層教練，我有許多的機會和企業最高主管分享他們的心底話，這是一個案例，我相信也是許多領導們心底的痛，這是我給他的一個郵件，這篇文章刊載在 2014 年 12 月份的《EMBA》雜誌上：

　　張總，

　　和你的相逢自是有緣，記得在五年前，你的公司剛起步只有 50 幾個人，今年我們再見，你的公司已經成長為國際性企業，在海外幾個國家佈點運作，在快速成長中，你臉上發散出的興奮和自信，我同時也看到你的無力感；你早期豪氣干雲，常會說「疑人不用，用人不疑」，可是近幾年來，經歷了幾次對人才的誤判，不再敢說這話了，以前每次有海外員工回來，難免托送大包的鳳梨酥要他們帶回去慰問海外員工的辛勞。國內員工過年時的紅包和感恩對話是他們一年一度的期待；曾幾何時，企業變大了，在廠區的員工你不再熟悉，許多外來的專業經理人總是缺少那份革命感情，你失去擁抱他們的動力和熱情。

　　在今年第一次我們相見時，你開頭就問我：「請告訴我該怎麼辦？哪些我們該繼續堅持的做？哪些該改變了？哪些需要再學習更新？」這是許多台灣企業老闆們心頭的痛，以前

「家庭氛圍型企業」已經自動轉型到「組織管理型企業」，你不再是「大家長」而必須承擔起「總經理」的新角色，那該如何找到著力點呢？我分享了「信任，改變，領導力」的三角模型，這三個元素常常糾結在一起，必須同時著力才會有功效，你非常的認同，那該怎麼做呢？

我們昨天花了幾個小時專注在討論「信任」，你如何才能信得過他人，也如何能贏得他人的信任？它有哪些關鍵元素呢？那些是你最在意的信任元素？你毫不考慮的說是「品格」，我看到你的痛，我們共同花了幾個小時來『合力共創』（Co-create），釐清哪些是建立信任的元素？作為一個教練，我由員工的角度來體驗和挑戰『如果老闆有這些特質我願意信任他嗎？』我們總算找出一個簡單可以實踐的清單，『5C』就是我們的第一次結論，它代表著「品格」（Character），「能力」（Competence），「關心」（Care），「承諾」（Commitment），「信用」（Credit）。

什麼是品格、能力、關心、承諾、信用？你個人的定義是什麼，又如何著力？如何能贏得員工的認同？這將是你企業價值的再更新。我們相約再兩週後和你以及你的核心團隊一起來討論它們在你企業內的定義和操作方法。

在離開你的辦公室時，你微笑的告訴我『今天這段談話是

一道光，讓我能重新站在這個基礎上，再次的向員工們宣布我們用人不疑的理念，這是我們企業要堅持的價值。』

今天，我也看到這光，看見了改變的希望。

陳朝益　你的〈信任，改變，領導力〉教練

"為什麼升官的不是我？"

我再來分享我經歷過的一個案例；有一位中小企業高科技公司創業者年紀老邁需要找接班人，他的決定是由內部員工提升而不是傳子，員工士氣大振，最後決定的是一個傑出的部門總經理。最近我被邀請成為他的教練，因為他的個人感覺是「已經過了兩年，感覺以前的老夥伴們做事不再積極，但是不知道是什麼問題，又如何處理？」我個別訪談了每一位他的老同事，就是現在新總經理的下屬，希望找到箇中原因，私底下他們異口同聲的說「為什麼被提升的不是我？」這個心結還沒有散去，新任總經理自己沒察覺，還是認為「他們是老夥伴」，可是在這些人心中總是有那股烏雲沒有辦法散去，「不服，不信任」的烏雲；問對問題後答案就會浮現，最後這個案例的領導危機算是安全的解決了。

◆ 斷鍊了

　　一位企業老董一向視員工為家人，照顧得無微不至，對自己對他人對事情嚴格要求，表裡如一，他也是凡事必躬親，員工敬他如嚴父，創業 30 餘年了，在他努力經營下企業快速成長；有一天他告訴我「他經營得好累好辛苦」，問我這個外來的教練是否他的管理發生問題了？我做了一回合的訪談，其中一個關鍵問題是「老董視你們為家人，你們視老董為家人嗎？」他們的身體語言告訴了我答案，老板會在員工或是外人面前罵主管，事事親自下指導棋，太細節管理，他們不被尊重，在開創時期或是在年輕時代還可以接受，但是現在已經成為高階主管了，也接近退休年紀，何苦還接受這樣的折磨？「我們不是他的親人」，高階主管們的聲音鏗鏘有力。

◆ 認同但是不同

　　爸爸白手創業成功，孩子海外學成歸國後參與企業經營；爸爸內向老成實幹，孩子外向，談策略敢於冒風險；爸爸視員工如家人，孩子業績掛帥要求學習成長國際化；在許多的事上父子衝突難免，老臣慢慢求去，有一天，爸爸向孩子遞交「辭職信 - 老子不干了」，這不是傳承，這是父子關係的破裂，這年

輕人趕緊找教練求救,「這不是我要的結局,我該怎麼辦?」這一幕,對你還熟悉嗎?

◆ 我不會跟隨他

　　一個高階專業經理人績效良好,公司邀請我成為他個人的教練,幫助他預備好再上一層樓,他做事專業,做決策時公正公平公開,應是一個理想的高階領導人才,我同樣的也做了一次訪談,讓我驚訝的是,許多主管的反應是「我尊敬他,但是他不是我的朋友,我不會追隨這樣的主管」,再深究原因,「他凡事不粘鍋,就事論事,下了班後請不要來打擾我」;這種人的身影,你是否還熟悉?

◆ 原來,我們都受傷了

　　我們面對的不只是社會的撕裂,組織裡更有人與人間的撕裂,只是我們不知道,直到有一天,關鍵時刻來臨,人和人間不再擁抱,不再熱情參與,失去了起初的愛心,作為教練的我,問他們為什麼?是什麼改變了?原來,我們都受傷了,在心裡有深深的傷痕,「不被尊重,不被重視,沒有價值,不再信任」,慢慢的,我理解到一些老幹部心裡背叛的因由。

我們的傷痕，在家裡，在組織，在社會，在國家，我們需要更高超的愛來填補和醫治這些傷口。

"「盡力而為」還是「使命必達」的企業文化"

現代化管理型企業無法純靠法律契約來建立夥伴關係的協定，更無法用法律條款來規範雙方的權利和義務，華人企業早期的「義氣」或是稱為「社會價值的交換行為」在第二代、第三代接班後慢慢地消失，更多的正式管道和合約，延伸出來更少的信任，「一言為定」的口頭承諾不再現實，更多的「盡力而為」而不再是「使命必達」了，這些關係發生在員工和員工間，員工和企業間，企業和合作夥伴間。信任好似人的神經感知網絡和血液營養傳輸系統，不能輕易察覺但是不能沒有它，有了它，企業內部則是充滿生命活力，效率大大的提高，作業成本相對降低；科技公司HP（惠普）在 1972 年的 CEO 普拉特（Lewis Platt）就公開宣布「給予員工最強的信任」，這成了惠普的企業文化，也是過去它成長的動力來源之一。中國的「海底撈」餐廳老闆張勇也曾說了一句我們都聽得懂、但是少有人經歷深思過的話：「人很奇怪，你信任他時，他犯錯反而就很少了，做事的態度更積極了。」

◆ 讓高牆倒下

我們的企業正在面臨
由「成本，效率，標準流
程」的工業化時代邁向以
「高創新，高效益，高彈
性」以人為本的新時代，我
們最大的挑戰是那些老經
驗老傳統如何管理？哪些
可以留存，哪些必須捨棄，
哪些需要重新再學習？

比如說「企業文化」只是高高掛在大會議室或是網站上的
裝飾品嗎？開會時，還是老闆說了算的一言堂嗎？員工滿意度
是唯一衡量員工生產力的指標嗎？人才資本仍只是老闆們的口
頭禪？組織內的山頭，內部孤立和內部競爭還能視而不見嗎？
我們還在懲罰那些敢於創新和冒險的傢伙？我們只能用金錢或
是職位頭銜來激勵員工嗎？……等等，我們可以期待這些高牆
即將一片片的倒下，但是誰又能保證明天會更好？

但唯一可以肯定的是我們有許多事要做，「信任」就是最
關鍵的一著棋，它是領導力，改變和高績效的基礎，這也正是
我寫這本書的動機。

" 建立信任，由哪裡開始？ "

在談這個主題時，使我馬上聯想到「日本航空（JAL）再生」的歷史案例。

2010 年 1 月 9 日 JAL 宣告破產，員工頓時失去精神上的依靠，外來責難，人員離職，資遣，減薪，工作量加重，組織變動不確定性，使該企業內部瀰漫一股消極氛圍，沒有共同價值觀，現場員工缺乏參與經營企劃意識，經營團隊與現場員工間有很大距離，無法站在客戶的立場思考，現場沒有領導，織織內也沒有橫向領導，很明顯這是個毫無領導力也沒有互相信任的團隊，部門間各自為政；當時主持重整日航轉型大計的稻盛和夫，面對「破產或是新生」的絕境，他第一步先開創「領導人學習會」——這是一個打破組織框框，為高層主管間的連結重建關係，為組織新生機會開啟的同理對話。

於是日本航空 52 位最高級幹部開始了每週間三次加上週六（每週四次）共 17 次的集中課程，參加者在第三週才開始有感動開始改變（掃除驕傲、開始對話）。他們全勤，做足功課，參與團隊學習，在互動中建立共識，建立信任，這是翻轉新生的第一步。之後的連結是「我心中有你，你心中有我」，這也是知道與認識的初階，「你進入我的世界，你可能成為我或是我

組織的資源」；組織內的關係可以是淺層，也可以走入深層，這是一個決定和承諾；建立信任要走過「同理對話」的過程，不只是「溝通」要能「對話」，不只是「對話」還要能「同理對話」，能進入雙方的「私領域」，願意開放心胸，讓對方理解「我的感受，我的需要和我的請求」，對方也願意用心去感受和釐清你的感受，需要和請求，我們說這是「交心」，它可以停留在「公事」的領域，也可以走入個人的私領域；這是一個機緣和決定；當我「認識」你有關你的感受你的需要和你的請求時，我才能做「有關你我的最佳決策」，採取最佳行動。

當信任慢慢建立，進入雙方的「知我」的情感連結（emotional engagement），有了信任的基礎之後，才可以給予挑戰，不可躁進。

有兩個剛認識的朋友在聊天，其中一個分享她小女兒可愛的視頻給對方，這孩子的行為有點野，另一個看了就說：「孩子小的時候就需要好好管教」，這個母親馬上回了一句：「我是學孩童教育的，我知道如何教養我的小孩。」你可以預見這個場面有多尷尬，最後就是不歡而散；在人與人還沒有完全連結，缺乏信任基礎的狀態下直接進入挑戰或是指導建議的階層，其結果會適得其反，個人的善意建言對別人不一定有價值，因為

面對這個情境，人的反應有可能是：

- 直覺反應式的自我防衛：她的心理疆界被侵犯了，她會做直覺性的保護反應，這是一般人的處理方式。

- 顧左右而言他：不理它，裝做有聽沒有到。

- 只說「謝謝」，謙虛的接納了。

- 最後一種，是最成熟也是最難的方式，它來自「自我覺察」和「選擇」。

信任的建設

| 挑戰 Challenge |
| 信任 Trust |
| 同理對話 Dialogue |
| 關係 Relationship |
| 連結 Connect |

" 我們將在這本書專注什麼？"

在這本書裡，我們接要專注在這幾個主題上：

第二章裡我們談什麼是信任？為什麼我不敢告訴你我是誰？我該和主管（部屬）保持多遠的距離？信任關係是每一個人在內心深處的情感連結，有些是天生的信任，如親人間的互相信任，有些是必須靠自己贏得的。

在第三章我們討論哪些因素會破壞信任？信任的困境，是

誰偷走了我們之間的信任，我們用行為來觀察並批評他人，但是卻用動機來審查自己，這是我們隱形的行為規範，還有其他更多隱形的不同，比如個性上的不同，領導風格的不同，愛的語言的不同，個人依附模式的不同，心思意念的不同，都可能傷害信任。

第四章是讀者最關心的課題「如何建立信任？」我們常聽到「請信任我」的對話，但是這有效嗎？信任的建立有兩個重要元素「建設因子」和「強化因子」，我們在這一章會詳細來說明，在本章最後還提到「信任催化劑」，這是一般主管或是服務業人員必須具備的能力。

再下來是第五章：面對信任的破裂，如何重建信任？這是我們每一個人都會面對的困境，敢於面對可能的衝突，雙方都願意處理衝突，願意開啟「關鍵對話」；我在本章裡，針對如何預備關鍵對話和它的流程都有詳細的說明，並有對話的案例可以參考。

第六章是討論如何維繫信任？這也是主管們常問的問題，我用《與成功有約：高效能人士的七個習慣》這本書作為範例來開展一場對話，人在不同的情境裡可能會有不同的行為模式，如何持續？我會舉出七個關鍵習慣和行為。

最後一章是如何建立組織內的「優勝美地」，一個有信任

文化的組織？如何能回到「疑人不用，用人不疑」的境界？如何讓員工有幸福感，有被信任的感覺？我們身旁有許多的「虛假社群」，有許多的「淺層信任」的朋友，我們每一天都曝露在「誘惑力試驗場」，如何走過來？這是我們共同要努力的方向。

　　這本書的特色之一就是專注在以華人為主體的健康個體和群體信任關係。我不是社會學家或是心理學家，所以我們不做深度社會學或是心理學的探討，我也不預備在本書裡探討不同文化層面對信任的衝擊，這個主題在國際化社會裡很重要，比如說在日本、韓國或是美洲國家如何領導？此議題深奧而複雜，歡迎私下來討論；我也不願涉及政治社團的信任議題，它有太多隱藏性的動機，它是個動態平衡，因時因人因主題而異，這其中權力獲取的動機會多於信任；最後，我也對法人，宗教性社團和成員間的信任有所保留，因為它們的制約因素不同。

　　最後，我在本書裡以「我，你，他」來代表所有的性別，不再做特別的註釋。

RAA 時間：反思，轉化，行動

- 你對這本書有什麼期待？是關於人與人間的信任，人與組織間的信任？

- 你正面對哪些信任的挑戰？

- 哪些人你信得過？為什麼？（寫下來）

- 你值得被信任嗎？如何做一個值得被信任的人？

2章

我該和部屬保持多遠的距離？

為什麼我不敢告訴你我是誰？

" 什麼是水？我們的無感世界 "

　　一群魚悠遊在一片新鮮的水域，一條大魚和小魚打招呼說「今天這裡的水真是鮮活」，小魚反問說「什麼是水？」，信任就是我們生活裡的水，它無所不在，但是許多的人沒有感受到它的存在，有太多的人是生活在無意識的狀態，每一天就是按表操課，努力扮演他的角色承擔他的責任，成為組織機器裡頭的一顆螺絲釘，好似機器人，對於目標和工作以外的事，對他們不在意也沒有感覺。

　　還有一種人是「上班一條蟲，下班一條龍」，在公司裡，

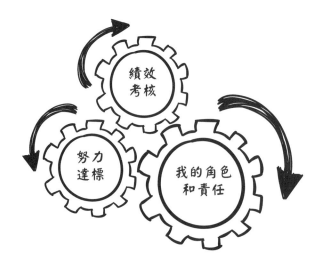

不敢告訴他人我是誰？怕受傷害怕，被拿到檯面做比較，害怕自己不如人…，開會時不敢發言，會後私下又是意見一大堆，包含抱怨的話，這是今日華人企業領導人們最大的挑戰，人們不會感受到「信任」的重要性，對一般的人是個選項，可有可無，直等到那關鍵時刻才會成為必須的能力，信任的建立需要有意識的投入經營，需要長時間的做才會見到果效，你才會願意拿下面具，露出真誠的笑臉。

　　為什麼我不敢告訴你我是誰？（見圖）這是我們都會有過的經驗，在你我的生命裡有四個區塊，一個是你知我知的「陽光區」，第二個是我知你不知的「面具區」，第三個是你知我

為什麼我不敢告訴你我是誰？

反而不知的「盲點區」，最後一個是你不知我也不知的「潛能待開發區」；在面對不同的人不同的場域和情境，為了保護自己的緣故我們都會做不同的包裝，事後反思會覺得有點掙扎，我願意繼續這樣下去嗎？還是我願意冒險，希望能走出更多的陽光區，勇敢面對做個真誠的人？我的安全疆界在那裡？我相信做主管的人都會有這個掙扎經歷。

「為什麼我不敢告訴你我是誰」的另一層意義是「我們對某些訊息有保留，不願意分享，因為害怕受到傷害」，我們和外部溝通的頻道有兩個：

- 資料的頻道：事實，資料，細節…等，偏重在對事或是對於他人。
- 情感的頻道：情緒，感受，需求，能量…等，自己內心的隱私。

上一個頻道是可以公開的，下一個頻道則是私密的，感受到不安全的，容易受攻擊受傷的，我們會自我保護，戴上面具。

" 信任的氛圍 "

什麼是信任？如何感受組織內的信任氛圍？組織的運作都有一些潛規則或是 SOP（標準流程），它好似血管流通過每一個人的腦子裡，組織運作所需的訊息是否流暢，處理事情的合作和效率是否順利和快速，人的血管裡頭的血液是否通暢，有否阻塞，在組織裡的辨識元素就叫「信任」，它可以檢驗一個組織的「健康程度」，這是組織裡檢驗無形資產的重要指標。

舉個例子來說，我的孩子曾辦理購屋貸款，他找到自己經常往來的銀行，遞上需要的文件三個星期還是沒有下文，他非常的著急，打電話去問承辦人員，回答是：「經理還沒蓋章，我來催一下。」他耐不住等待而找到另一家銀行，承辦的人三天就將事情辦妥了，我們問他怎麼辦到的？他的回答簡單「這是我的責任範圍，我可以負責」。這說來簡單，但是不容易做到，這是員工對自己工作的負責，更是上級對員工的「信任」。

我還記得以前進出國門都要填好多的表格，我不確定有沒有人在看，有否保存，最近幾年的改變大了，不需要填表格，甚至不需要排隊，直接掃護照描眼睛就過關了，科技的進步是推手，但是最重要的還是後頭對人的「信任」。

現今組織裡頭最熱門的話題之一就是「創新」，所謂創新就是「走沒有人走過的路」，它有風險和不確定性，有更高的失敗率，一個企業要引進創新的精神，它需要徹底的更新組織

的文化氛圍，不是放棄控制，而是要更能容忍失敗和錯誤，再加上幾個更重要的文化元素「信任，尊重，愉快的氛圍」，這是開啟「人才資本」發展的第一步。

我們如何感受一個人被信任？我相信大家都可以想得出來它是什麼情境？它們共同的元素會是什麼？

「陽光，開朗，信心，自由，勇氣，親密，樂觀，積極，敢於冒險，有不同的點子，敢於在公開的場合說出來…等等.」我們一起來想一想，我們最近一次「用愛心說誠實話，特別是說對他人不中聽的建言」是什麼時候？面對什麼人？在什麼情境？為什麼你敢也願意說出來？

再來說個我們常會經歷的社會風俗，過年過節或是平常到陌生人家，我們華人常會帶個伴手禮，有信任的人選擇的禮物會是「禮輕情意重」，禮物只是代表你的心意，它不需要貴重。可是對於沒有信任關係的人，你所選擇的禮物可能要大費周章了，他需要什麼？那些東西對他有價值？送這個禮在這個場合合適嗎？為了送禮會讓你失眠。

在平時就需要建立組織裡健康的基礎，在關鍵時刻才能持續贏得信任，以下這些案例大家可能都熟悉，也看到自己熟悉的影子，因為這也是本地許多優秀公司的作為。

在全球 1983 至 1984 年間的經濟不景氣，許多的企業紛紛

倒閉，一家叫「紐格爾」（Nucor Corporation）的公司所受到的影響也是非常的巨大，那時它剛開發出一套的新技術要進入市場，它們的工廠位在偏遠的農村地區，許多的員工都是轉業而來，面對景氣的低迷，這家企業採取不同的作法，不是裁員而是將所有員工由總裁到一般作業員的工時全數減低，減少營運成本，共同渡過寒冬，當景氣復甦時，員工士氣大振，快速的達到原來的高水平，加速佔有市場，這需要互信，對經營者也是一個冒險的旅程。

我們再往回頭，看看 1970 年代的石油危機，世界上最出名的汽車廠賓士 (Benz) 遭受嚴重打擊，業務量劇降，面臨破產危機，後來德意志銀行為他們背書，讓他們在困難中能再起，這家銀行願意犧牲短期的獲利，甚至冒著極大的風險做這個決策，這是信任，冒著高風險的信任。

再來看看一個個人經歷過的案例，在 90 年代的初期，我在香港招兵買馬，預備開展中國的市場，一個年輕主管來應徵，他告訴我他只願意乘坐國際航空公司的飛機在中國出差旅行，那時只有港龍航空，拒絕乘坐中國本地的航空公司，因為他對中國本地的飛航沒有信心，你可以想像他是否有得到這份的工作。對於公共交通，雖然它們不一定值得信任，但是在沒有選擇的情境下，這就是風險。

　　信任無所不在，在馬路上的信任是大家遵守交通規則，安心上路；在公司裡，有些企業要簽到，要交報告，要準時上下班，在台灣郵局郵寄便利箱，你要先購買紙箱和郵費，但是在美國則是相反，紙箱隨你拿，要寄的時候再付錢，前者是管理，後者是信任和尊重。

◆ 信任重要嗎？

　　在這個多元化，多變化，國際化，虛擬化的世界社群裡，我們需要和沒有見過面的陌生人做生意，談合作或是併購，我們面對的是真實的人，他們是多元的，「信任」是唯一可行的接合劑，將這些不同地區不同文化的人組織起來，面對這個高速變化和高速動態的環境做應變，我們需要的不只需要「水平信任」做知識和資源分享，我們也需要做「垂直信任」共同面對不可知的未來和風險。

　　我們可以想像一個沒有信任的組織或是社會會是什麼情景

嗎？它會有什麼特色和外在的現象呢？ 我相信大家都可以想像得到，讓我們安靜一下，將它在上頁的框內寫下來，我們也才能珍惜我們今日所擁有的「信任」社會。

我相信這些字眼會常常的出現：權力鬥爭，自我本位，自我意識，追求名利，不公不義，上下交爭利…，我心裡浮現出如下一幅圖像：

許多公司裡的「使命，願景，目標」高高的掛在牆上，SOP 也很清楚，可是在每一個人的心裡頭卻是人心惶惶，各有盤算；有些老闆們的反應就是強化管理，建立了許多的制度規章和合約，強化督查制度，確定能滴水不漏，來防止「叛將，貪腐和吃裡扒外」的人，但是這個目標可能達到嗎？

當在不同的時間，不同的情境，對不同的人才，不同的地域，你的規章能全備嗎？在公司快速成長的過程中，你的規

章能及時更新嗎？更重要的是，太多的法條等於沒有法條；管理著力在人性的弱點，領導則是強化人性的優點，讓員工吹著口哨將事情做好，它的基礎就是「信任」。一個有信任基礎的組織，它的架構可能會是如右圖這樣的。

◆ **信任關係 = 深度的情感連結 (Emotional investment)**

　　信任是一個有意識的選擇和決定，是否你願意走入這深層的關係，它是領導力和改變的基礎；當我們信任一個人在一個特殊的情境時，我們會說：

- 我相信他能做到！
- 在這件事上，我信得過他，他值得我的信任！
- 我相信他會願意協助我做好這件事！
- 我沒有壓力的可以請他幫我做這件事，我相信他會幫我的忙！

　　有一對年輕情侶在談戀愛時，每一個小動作都是在「情感

存款（emotional deposit）」，但是面對一對婚姻觸礁的夫妻，他們不再互稱「Honey（蜜糖）」了，我問他們有多嚴重，他們會告訴你「我們以前的情感存款用完了，沒有 Honey 了」，可能有一方會說「我很努力在挽救這婚姻，但是我的存款存不進去了」，他們喪失了「信任」。

　　一個適應性領導人（Adaptive leader）在面對不同的情境而作必要的變革時，會造成組織的痛和對組織成員的「不便」，在缺乏信任的組織裡，員工會有恐懼（FEAR），可能會選擇 Forget Everything and Run（不管三七二十一，先跑再說），或是 Fight, Flight or Forget（抵抗，逃跑或是麻痺自己）；相對的，有信任的組織成員，他們也同樣會有恐懼（FEAR），

　　可是他們心中的解讀不同，會是 Face Everything and Rise（勇敢面對，奮力再起），他們會選擇 Follow（跟隨）而不斷鍊，這是「信任」。

"信任在商業活動的價值"

　　今日的商業活動深深的建立在信任的基礎上，只是它的方式和以往的不同，以前的「一言為定」式信任慢慢淡去，但是突出的是「品牌忠誠」式的信任，對「專家／產品／服務…」

品牌的信任，信任是提升忠誠度的重要手段，好似社會學家盧曼（Niklas Luhman）所說的，「信任是再次相見的定律」，重複的正向體驗可以不斷的強化提升信任的程度，在關鍵時刻的體驗更可以提升信任層級，好似革命情感，在創業階段的合作，在生死關頭的支持，在絕境的一隻援手，在水災過後的一鍋熱粥，在在加速的提升信任層級，這個主題待會兒會提到。

我們的日常行為有 40% 是靠直覺反應，有信任有深度情感連結的商品或是人會被排在優先的次序。

◆ 缺乏信任的案例

只有好的動機，但是缺乏信任，你的善意或是行為不見得會得到大眾的支持。有一位績效卓著的校長被派到一個新的學校，他個人認為「現代化教學的改革」必須加速的做，毫不妥協的來做，他提出的教學指標不再是升學率而是學生學習的能力，立意良好，這也是大趨勢，但是馬上遭受到老師們的反對，因為沒有培訓，有些人做不到而痛苦萬分，更大的阻力來自家長，孩子的升學上不了好學校誰負責？這位新校長還是堅持的幹，最後信任斷鍊了，他孤單奮鬥了三年，最後以「有志難伸」失敗收場。

這是否也是我們今日企業面對的困境？不是改變的動機不

對，而是「信任」的缺口沒有連結好，當組織內主管宣布新的策略或是方案時，員工的基本反應會是：

- 這和我沒有關係。（有聽沒有到）
- 這會傷害我個人的利益，我不贊成。（反對）
- 老闆朝令夕改，我不相信這是玩真的。（老闆只是說說而已）
- 我不相信我們做得到。（不信任）
- 目標有點高，但值得投入，今天不做明天會後悔（信任，選擇參與投入）

◆ 團隊內的信任

在《團隊領導的五大障礙》（the five dysfunctions of a team）這本著名的商業書籍裡，作者特別提出「信任」在組織裡頭的價值，一個有沒有信任的組織，就好似我們所提到的，員工「冰冰有禮」，第一是怕衝突，怕你的看法和主流的看法不同，怕冒犯到對方而反而傷害自己，冒犯是一個潛藏的核爆彈，不小心碰到它的開關就爆開了。所謂的冒犯是他人一句無心的話語，可能會碰觸到我們心裡底層的痛點所造成的心理情緒反應。這些痛點可能是我們軟弱，罪惡感，或是過去不愉快，失敗

或是羞恥的經驗。我們可能的反應是「憤怒，逃避，對抗」，這都會破壞「信任」的基礎，所以接下來的行為可以預期，「逃避責任」，多一事不如少一事，不敢也不願意負責任，對於團隊和工作就失去了心理的鏈接，一切公事公辦，按照流程走，這也是許多人的「I am doing my job」（我只是做我的工作）的態度，一切結果和我無關，我只是組織裡的一顆螺絲釘，人微言輕，自己算不了什麼，最後就是淪陷為「就業型」的員工，只是來打一份工，沒有職業和事業的專業精神和企圖心。

如果轉一個鏡頭到有信任的團隊，員工知道老闆信任他們，他們也信任主管，他們敢在會議裡表達自己的意見和看法，縱使和老闆或是多數人的意見不同，參與是動力，敢於陳述和「擁抱差異」（diversity & inclusion）是信任團隊的最重要的

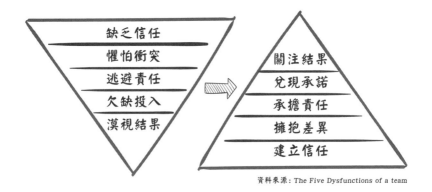

資料來源：The Five Dysfunctions of a team

特色，接下來的結果我們可以想像得到，勇於承擔責任，走出
「我，I」的地界邁向「我們，We」的領域，願意參與，敢於
冒險，兌現承諾，不再是「盡力而為」而是「全力以赴」，努
力追求團隊的成功，分享團隊的榮耀。

"什麼是信任呢？"

在《聖經》裡說「信就是所望之事的實底，未見之事的確
據」，意思是「對未來還沒發生的事，心中有把握」。

社會學家盧曼（Niklas Luhmann）對信任的定義就更現
實了，「再次相見的定律」，當有機會再次相見或是合作時，
就會更珍惜建立這種的信任關係。

對於一個領導人，信任又是什麼呢？

「面對一個不確定有風險的情境下，我選擇不再掌控（管
理）對方，讓對方能自主的，完整的，有空間的來完成任務，
滿足我對他的期望」。它有一個隱藏的契約，它是一個「社會
價值交換」的行為，它有一定和具體的疆界，它是解決有風險
問題的可能方法，先有風險，經過個人的選擇，我們可以選擇
信任或是不信任；我們在「如何建立信任」章節裡會再做深入
探討。

　　由心理學來說，信任涉及兩種不斷變化，但是又是互相對立的慾望（期待）間的平衡，既希望他人能滿足你個人的慾望（期待），又希望自己能滿足別人對你的慾望（期待）.

　　信任是一個理性的選擇，沒有對錯的道德成分，黑道也有信任。

◆ 契約是信任嗎？

　　契約是釐清雙方所同意或是不同意的細節內容，並予以規範和期待，這是建立信任的基礎；若有罰則，那就不再有信任了。

◆ 信任的來源 ：

　　信任有七個可能的來源，

　　1. 天生的信任：我們的父母和親人，特別是有血緣關係的親人，這在華人企業界是個強鏈接；對神對天，對大自然四季和供應的信任，對於我們自己身體被創造機能的信任…等。

　　2. 社會傳承基本價值的信任：華人的文化裡，我們認同「人性本善」，會給陌生人及時的援手，我們也會相信國家的使命和責任，社會責任，道德和倫理規範，司法體系的公正…等，雖然也同時存在許多的「但是」和「假設」，這是人的世界，

不完美，但是整體來說可以「信任」。社會在快速的變化，這有可能轉變為「淺碟信任」，在關鍵時刻，可能會背叛而以個人利益優先。

3. **專業角色的信任**：權威專家 Ａ 在戰地的軍人，警察，消防隊員，律師和被告的關係，醫生和病人的關係，專業球隊，銀行，極境的合作夥伴，企業或是個人教練…等夥伴間的信任。

4. **自己選擇的信任**：所屬的政黨，宗教，社會運動，組織，企業，團隊…等，基於「他們不會讓我失望」的經驗和假設，我決定留下來，當然你也有權利用腳投票給予不信任。

5. **盲目的信任**：粉絲，專業的資料整合者的結論，跨本行業外的專家，意見領袖…等。

6. **透過第三方印證的信任**：品牌，網路上供應商的評比，信得過的朋友的推介…等。

7. **自己體驗和贏得的尊重**：真正的信任是贏得來的，而不是他人的給予（earned, not given），這是美國海軍陸戰隊的精神標語，也是我們的價值標準。

◆ **對信任的迷思**

1. **「請信任我」**：這是操控式的請求，好似如果不信任我，那是你的錯；美國海軍陸戰隊的一句名言「信任是贏來的，不

是給予的。（Trust is earned, not given）」

2. **坦白，直言就能贏得信任嗎？**：善變不能贏得信任，但是一成不變也不能完全取得信任，坦白真誠只是信任的一個元素，對方不會只是停留在感覺印象的層次，而是針對問題和場域，對方會有所期待，能給予滿足的答案，這才是建立信任的機會。

3. **經由第三者的信任轉移**：企業新員工的招聘喜歡用內部員工的介紹，這是好的系統，幫助過濾找到合適的潛在員工，讓對企業存有期待的人來接受面試；業界也有許多的認證機構，給予許多的證照，幫助這個「專家」進入職場，這也是一個合理的方式，但是認證單位良莠不齊，誰做品管？誰又敢說不？許多的名人專家的廣告，做的就是「心理認同這個人，他可靠」的印象，但是好像都是跨過界的專家，不在自己的專業類別裡做推薦；還有許多消費者體驗性的服務或是商品，打幾顆星，代表它的信譽…等，在這個商業社會，會有許多的第三者的信任轉移案例，我們自己要覺醒。

4. **經由「檢驗制度」製造出來的信任**：最近的食品安全問題就是一個最佳的案例；許多汽車的品管返修，也是一例。

5. **太平盛世，穩定發展環境下培養出來的信任**：這個我們成為淺碟信任，沒有經過考驗的信任，我們常說「失敗為成功

之母」還是有它的道理,沒有經歷失敗的人,不能算成功。

6. **其他的信任迷思**:組織裡有「雞兔同籠」(Two in a box)
的組織架構設計,有內部競爭型的架構,分裂式的組織成長架
構…等,這些都可能是團隊信任的殺手。

❝ 我該和主管保持多遠的距離?

我常被問到「領導人和團隊成員間的合適距離是多遠
呢?」你是否也有這個疑問?我嘗試用兩個信任的角度來說明:

有兩種距離叫做「信任」,其一是「可以反思而不批判」
的距離。其二是「可以感受安全而不疏離」的距離,它好似一
盆火,火苗需要空氣來助燃,它需要距離才能得著空氣,而不
是「我泥中有你,你泥中有我」的粘膩,每一個人還是保有他
自己的空間和個人身份認同,這是可以反思而不批判的距離;
這盆火也需要材料來支持不熄滅,它需要和資源鏈接,這是安
全而不疏離的距離。

信任也涵蓋兩個距離感:身體的實體距離和心理的距離,
我對主管的定義是「在組織裡有權力(power)和愛(love)
的人」,他們能行使權力和愛來達成組織賦予的使命和目標。
至於在「權力」和「愛」之間如何拿捏和平衡,這就是領導者

的能力和智慧，我會在第三章有更詳細的說明。

　　針對這個問題，我也會反問領導人：「你自己會和你的主管保持多遠的距離？」這是心理距離，它會因為「壓力，誤解，挫折，批評，責罵，不信任」而互相排斥或是逃避；也會因為「建設性互動，溝通，朋友關係，相信，信任，夥伴關係」而互相的強力吸引；這問題的答案是在每一個人的心裡，我們身邊會出現兩種的朋友，一種是「建設性朋友」，他們會給你正向的激勵，強化你的能量，和他們交往後讓你活力十足，奮勇再起；另一種是「消費性朋友」，他們負向的互動和對話，互相批評或是謾罵，會消耗你的能量和資源，和他們交往後會覺得好累好辛苦，你自然會敬而遠之。你的屬下或是老闆是你的朋友嗎？

　　在組織裡如何建立合適的信任距離的相關話題裡，也常有人問起「主管和員工間如何互動最好？」我的看法是有三個因素會強化或是減弱信任的基礎：

- 公司運作的訊息流：員工要願意透明和真誠的向主管分享匯報，主管則是要「依據員工工作的需求，有智慧的提供合適而且必要的訊息給員工 (Need to know base)」，在表達和溝通的過程中也必須透明和真誠，

才能感動員工的心；不靠職位，不靠權勢，而是專業和用心。

- 員工個人需求的訊息流：在第三章我們會提到信任的基石之一是「關心」，你關心員工個人的成長需求嗎？你傾聽他們的聲音嗎？你採取了什麼行動呢？這會直接觸發員工心中的感動，強化他們對主管的尊重和工作的投入。

- 主管個人的領導模式：是權威式領導，導師型領導還是教練型領導？針對不同的員工，不同的情境，會有不同的做法。

信任常在我們的一念之轉，一個心思意念可能會影響我們的信任心理距離。

最近我觀察過以下幾個案例：

買車：現在流行在網路上報價，許多的經銷商則是希望能吸引潛在的客戶能到現場來，才好做銷售的動作，所以銷售員會使用不同的手段吸引你的光臨，比如說在網路上給你一個特別低的報價，當你到現場時告訴你「那部車剛賣了，你願不願意看另一部車？」，買車的人也知道銷售員的伎倆，基本上這是一個互不信任的拉鋸戰，房屋銷售也是如此的伎倆，他們並

沒有心來建立信任，因為這大多是一次的銷售活動。

年輕人租屋也是如此：出租人在找好的房客，但是又不希望在不了解對方的情況下就提供出太多隱私訊息，所以最好的方式就是先由遠處的安全距離開始，甲方先釋放一個訊息，如果乙方的回覆及時且真誠，那甲方可以靠近一些，並繼續釋放另一個訊息，如此周而復始，慢慢拉近雙方的距離。

對於組織領導也有類似的經驗，當組織做併購時，最好的方法不是將對方的品牌馬上消滅，而是有耐心的，調整信任的距離，做到「合作，結合，聯合，整合」的流程。

還有一個案例是，一家國際級的大金融保險企業，本地的精英團隊深受前地區執行長的精神感動，雖然他已經過世，但是精神長存在這些資深精英心頭；後來總公司團隊來接手，他們沒有過去的這個情感鏈接，硬生生的要忽視甚至於切割過去的這段情感，造成管理階層和資深精英階層的信任斷鍊，非常的可惜。

信任的建立是一個不斷互動的流程，雙方都必須參與，是一個不斷的「給和受」（give and receive），「鏈接和溝通」（connect and communicate）的向上提升和強化的流程。

" 大眾參與的五個層級 "

在民主社會裡，「大眾參與」（PE: Public Engagement）已經是作為一個教練或是引導師必須具備的能力，政府如何讓相關的民眾能參與討論關鍵的公共議題，取得共識後才做最後的決定和開展行動，否則街頭抗爭難避免。公眾參與（PE）有五種層級：

1. 告知（Informed）：讓相關的人知道政府的決策，資訊透明而及時。

2. 諮詢（Consultation）：你可以表達你所關心的看法，作為政府決策的參考。

3. 參與（Participation）：參與討論，政府主導，民眾為輔，和民眾對話他們所關心的議題，也讓民眾有機會影響政府的決策。

4. 合力共創（Collaboration）：這是雙方都站在平等的位置上，來討論和決定民眾所關心的議題。

5. 賦權（Empowerment）：政府為輔，民眾為主來討論決策民眾所關心的事。

我們可以看到在這五個參與模式裡，如何選擇合適的層級來做公眾參與，它決定於外在和內在的權力基礎，外在的力量來自外來的權力壓力和影響力，內在的力量則是決策者願意開

大眾參與 Public Engagement

參考資料：IAP2

	行為	目的	決策者
1	告知 inform	決策說明會＋問答	主管單位
2	諮詢 consult	傾聽大眾的意見，做為決策的參考	主管單位
3	參與 involve	大眾參與決策過程的討論	主管單位
4	合力共創 collaborate	大眾平等的參與決策流程	合作雙方共同決策
5	賦權 empower	在規範內，大眾自行討論並作決策	大眾團隊

放的程度。這可以是最好的社區營造手段，讓居民參與並做決策，政府的角色是建立一個疆界（這就是公權力的實質），比如說「城市開發的願景，綠化環保和社區安全的要求，都市交通規劃，預算和施工期⋯」等，其他部分，就可以激起民眾的熱情來參與，這是政府和民眾間的信任。

◆ 放手與放任

　　由以上的說明，我們是否可以轉化為企業內部的運作機制呢？在組織內，我們常被提起的「放手」與「放任」的選擇，放手是讓員工有自主的場域，用自己的方式展示自己的能力，主管會因為員工的成熟度採取不同的「放手」層次來參與，只

是成為他們的顧問導師或是教練，陪伴前行，主管還是承擔最終的成敗責任；放任則是放牛吃草，完全不再干預，主管還是要扛最後成敗責任。

" 信任的層級 "

信任和溝通是不可分，依照溝通的方式，我們可以判斷他們信任的層級。

第一層：**直接下命令，權威式的溝通**，我們可以想像這種層次信任的心理距離有多遠。

第二層：**說服，影響，偶爾也聽聽你的想法，好作為下一波的說服做預備**。基本上，對於受眾，他有三個選擇：對抗，逃跑，還是放棄順服。

對於以上這兩種的信任，我們可以感受到它的焦慮，壓力，擔心，易碎，自我防衛行為，懷疑，被動…等情境。

最後談到第三層：**信任階層**，我常常請教參與這個主題的學員們，「當你被信任時，你的心情如何？」有人告訴我，這好似一盆的營火，火苗有足夠的空間，能吸取足夠的氧氣，這代表保持一個合適的心理距離，底下的木材則是專業和資源，

能有開放的信心來和對方連結，願意安靜下來傾聽，分享，探索，甚至冒些沒有經歷過的風險，願意邀請他人的參與和合作，達成雙贏，有勇氣說出自己心中的想法，心態正直，坦蕩，有愛心，願意接納，尊重他人，創造，效率是最佳的成果展示。

我們接下來的章節，就是要一起來學習討論，如何建立這盆營火，讓它旺起來，也讓它能生生不熄，那些是可能的破壞殺手，如何能化阻力為助力。

RAA 時間：反思，轉化，行動

- 你和你的部屬保持多遠的距離呢？
- （0～10分：0是零距離，10是權威管理）
- 你認為合理的距離是多遠呢？
- 直屬部下
- 再下一階層部屬

3 章

困境：是誰偷走了我的信任？

當組織面對困境或是挑戰時，能夠安全渡過的唯一方法就是高度的信任，同舟共濟。
—教練與組織諮商機構 The FORTÉ Institute 創辦人 C.D. 摩根（C.D. 'Hoop' Morgan, III）

TRUST IS THE KEY
TO **MOVE FORWARD**

" 真誠領導，有錯嗎？ "

真誠領導是領導力的最佳元素，但是也非萬靈丹，這要看如何使用，在什麼時候使用，對哪些人，哪些場合使用，這是一個案例。

一個新任總經理被挖角到一個搖搖欲墜的企業，這位總經理在原來的工作職位上戰功彪炳，過去五年的績效在業界是無與倫比，這次被挖角到這家企業來，大家期待他是個救世主來化解這個企業的危機，然而當他第一天面對這些直接報告給他的主管們時，他以非常謙卑的態度說，「說實話，我以前沒有帶過這麼多的人，也沒有打過這麼大的陣仗，我心裡著實害怕，我需要大家的幫助。」如果你是在座的一位高階主管，你會做何感想？被他的謙卑和真誠感動？還是變成一隻無翼的飛鳥，喪失信心和力量？會後，這位新總經理並沒有贏得信任，大家期待的是一個有經驗有能力有把握的新領導人，帶引他們走出困境邁向光明，但是他沒有做到。

我們再來看另一個案例，同樣是一家面對困境的企業，也來了一個新空降的總經理。在前三個月，這位總經理只默默的做幾件事，第一件事是每天定期的到客服中心花一小時的時間，了解客戶抱怨的是什麼？第二是到前線和前線的銷售，產

品，服務，經銷人員交談，理解我們現在面對什麼問題，第三是和中階主管們，小團隊的座談，理解我們內部面對什麼困境？最後才面對最高階主管們，聽取他們的報告，共同來解決有共識的問題。他花的這三個月時間，雖然沒有快速的行動，但是他做到了幾點：以行動來連接關鍵員工和市場，親手收集第一手資料，而不是只看報告，這是組織翻轉的秘訣，企業面對困境，表示資深主管和元老們是在共錯結構裡而不自知，新人必須要跳出框框，收集新鮮的資料，才有能力轉變。在 1990 年代 IBM 新總裁葛斯納能有效的翻轉，就是如此，其實答案就在企業內部，更重要的是他能贏得信任，帶引團隊堅持的執行，直到效果的產出。

　　在面對翻轉的過程，會經歷許多的困難和挑戰，因為這是企業沒有走過的路，許多人會反抗，或是逃跑，這是信任度不夠，這也是我們這一章要談的主題，是那些原因會偷走信任？

◆ 信任的底線

　　我們再回頭看看什麼是信任？**信任涉及兩個不斷變化但是又互相對立的慾望間的平衡，既希望獲取自己最大的利益，也希望能同時滿足對方的慾望，這是一個矛盾的拔河，由物理的角度來說，它是個「動態平衡」。信任很多時候並不涉及「善—**

惡」之爭，而是「對—對」的選擇，信任起始於人們內心的動
機，是那兩個意念的拔河，不浮現到行為面，他人無法察覺，
甚至於是「一念之轉」。

　　人的誠信穩定性只有存在於一個較為穩定的環境裡。在極
端的環境裡，可能會有不同的表現，同時，有些人做這個決定
時，會拉開時間軸，短期和長期對自己的效益，這就是「棉花糖
效益」的實驗，有些人願意犧牲短期的利益而達成中長期的目
標，或是社會上已經在前人建設下存在許多「善的循環」，我
們正好生活在這個環境裡，我們也會「蕭規曹隨」，這就是傳
統和文化的力量，比如說我們相信「善待婦孺會贏得尊重」，
「與人合作，無私奉獻，可以改善自己的身心靈健康，同時也能
結交更多正向朋友，獲取更多社會資源」，「今天協助他人，
未來會贏得他人的幫助」，華人社會的「義氣」就是基於這個
信任。

◆ 心理按鈕

　　一個人的信任並非一成不變，它會受到「情緒」的影響，在
不同的時間，對象和情境會有不同的反應，心理學家設計一個
「給予遊戲（give some game，GSG）」，參與的兩個人各
有四枚硬幣，自己的硬幣價值是 1 元，但是對於對手它的價值是

是 2 元，遊戲的目的是透過這個流程，如何達成自己的最佳利益？或是團隊利益？它的可能是犧牲他人來獲得自己最大的利益，那就是自己有 12 元，對方為零。另一個選擇是公平互惠，交換 2 個硬幣，每一個人的身價由四元增加到六元，最後一個是將個人的四個硬幣和對方交換，身價由四元加增到八元，這要靠高度的信任，這是社群和組織內的分享原則。最高層級是再將自己換來的硬幣再給對方，讓對方有十六元，而自己歸零，這是我們在團隊，特別是球隊裡常有的策略；我們再來加增一個元素，天暗了或是口渴了，對方給我們開燈泡茶，使我們非常的感動，這個感激之情或是對他人的尊重，熱愛，接納，和完全不認識的人相比，他人對於我的「關心」在在的會改變我們對他人的信任程度；所以在人際關係裡，我們常常提到要能做「情感存款」，少提款，或者至少存款五次才提一次款，一個年輕人決定和他的女朋友分手，他告訴我已經用完自己的情感存款了，我問他為什麼不再加速存款，他說「存不進去了」，這是失去信任的關係，我們會再深入探討。

　　每一個人心裡都有不同的「心理按鈕」，當他人不小心按到這些按鈕時，我們就會在心裡頭跳起來或是叫起來「好痛！」，這叫「被冒犯」。我們曾提到被冒犯是他人一句無心的話語，可能會碰觸到我們心裡底層的痛點所造成的心理情緒反應。這些

痛點可能是我們軟弱，苦毒，罪惡感，或是過去不愉快，失敗或是羞恥的經驗。我們可能的反應是「憤怒，逃避，對抗」，這都會破壞「信任」的基礎，我們會在對方身上貼標籤，或者採取「對抗／逃避」的策略，更加深加速信任的破裂。

◆ 假冒為善

再深一層，**我們用觀察自己的內心「動機」來審判自己，但是用他人的外在「行為」來批判他人**，這是不對等的，這也是一個心理盲點；我們也常會感受到某些人是「假冒偽善」，就是以不對的動機做正確的事，社會上有許多出名的大善人，他們的行為是好的，但是每一次的捐獻都在眾人面前吹號，動機可能經不起檢驗，就像《聖經》說「這些人已經得著他們的賞賜了」，他們不可能再贏得他人信任；相對的，有些人動機良好，但是行為不適宜，可能也有許多的誤解，我們常會聽到「我這樣做是為你好！」對方會接受感激嗎？是什麼時候「用愛心說誠實話」才會有效呢？

「主管的善意，對員工不一定有價值」，我們的人際關係也是如此，許多較為木訥的主管，常常有此舉動，舉個案例來說，一個剛上任的主管看到部門裡一個幹部非常的有潛力，他就直接告訴對方我要好好栽培你，平常給他一些比較有挑戰性

的課題，自己也陪他一起走，但是有一天，這個員工提出辭呈，人事部門得到的答覆是：「這不是我要走的路，但是我無法直接拒絕新主管」，在「信任」還沒有完全建立以前，你的善意可能會變成信任關係的殺手。

在情感上，每一個人對於這些事情非常的敏感，它會直接傷害信任的建立：

- 惡意的批評，特別是在公開場合，讓他的面子掛不住；
- 輕視他人：目中無人的人也間接砍斷人際關係的橋樑；
- 冒犯他人而不自知，造成對方啟動自己的防衛機制，你的存款就不再有效，
- 冷戰沒有個人鏈接：信任起始於情感的鏈接，這是必須的能力；
- 缺少共同性，找不到鏈接點，無從建立基礎。

◆ 被冒犯

有個年輕人問我「你覺得最被冒犯的行為是什麼？」，我不假思索的告訴他：「在會議桌上滑手機，在一起討論事情時不專心，在滑手機」，他眼睛瞪得大大的，告訴我「很多人都是這樣啊？」

　　滑手機是個個人不經意的行為和習慣，但是對於當事人會覺得被冒犯，讓對方覺得「在當下我對你不重要，不被尊重」，它可以發生在會議桌，家庭的餐桌，或是和家人的相處時刻，間接傷害雙方的關係，最終會傷害到信任關係。

　　我喜歡問員工你認為主管哪些行動對你感受到最受傷最被冒犯？這些字詞常常會出現：不被尊重，高高在上太驕傲，好為人師頻頻給意見，被嘲笑，我說話時常被打斷，對方不耐煩，不專心（談話時進進出出或是接電話），潑冷水而沒有看到我付出的心血，被質疑沒有誠信，我說話時他心不在焉，聽不懂還裝懂，打哈欠，遲到還不道歉，只說自己的立場，當法官作評論員，沒有界限，太情緒化，好面子，明顯的偏見，看不起對方…等，這些無意識的行為最後都成為「信任」的殺手，許多主管們可能還沉迷在其中。

" 權力和愛的平衡 (Power and Love Balance)"

　　我對主管的定義是「在組織裡，有機會使用『權力』和『愛』的人」；權力是達成目標的動力，愛則是達成合一的動力；一個人是否能贏得尊敬和接納，這兩個因素是評估的重要因素，信任是唯一指標。一個缺乏信任的組織，權力，指示，

報告會不斷的發生在系統設計和日常行為裡，你會聽到「老闆說了算」，「人微言輕」，「我

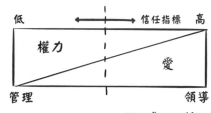

source: Power and Love

們只要將自己的事做好就好了」…的心態和對話；相對於一個高度信任的社會，我們會看到更多的「愛」，關愛的眼神，微笑的笑容，心手相連的合作，歡樂的工作氛圍，這是我們的事的心態…等，內心裡充滿這幸福感，自信心，同理心，參與感，對未來充滿正向的盼望和期待，能發揮愛的地方，不要使用權力，必須使用權力的地方，不要逃避，好主管不一定能贏得員工的尊敬，除非他願意做重大而困難的決策，不怕得罪人。

我們也常聽到「僕人領導」這個名詞，它的精義是什麼呢？要用僕人的姿態來服侍你的員工，而且一視同仁？這不是我所理解或是能接受的理論；我也鼓勵「僕人領導」，我的觀點是「領導人願意放下你的權力和權利，以愛心來協助他人成功」，這是領導人的謙卑；這個理論來自「權力和愛的平衡」，它的精義在於「能發揮愛的地方不要使用權力，必須使用權力的地方不要逃避」，目標是成就組織和個人的生命。

◆ 失去信任的主管迷思

　　相對的，許多主管沒有好好的使用權力與愛，他們的行為往往在好的動機下，卻有以下的現象：

　　1. **想贏的心態**：凡事都有定見，聽不進去不同的意見，努力為自己的立場辯護，用「說服，影響力，最後就是權力」來溝通。它的底層是面子和安全感問題。

　　2. **凡事想加值 (add-on value)，否則認為自己失職**：最常用的字眼是「你說的不錯，不過呢…，我還有一點補充意見…，或是 yes,but」，結果是加值 5%，員工士氣降低 50%.

　　3. **貼標籤：「他總是…，他不行…」，是他們的口頭禪**：總認為自己是識人高手，員工一被貼上標籤在組織裡就永不得翻身。

　　4. **完美主義者**：吝於讚美，喜歡在雞蛋裡挑骨頭，無論員工多麼努力，他認為總是有改善的空間，而看不見員工的優點，給予適時的讚美。

　　5. **好搶員工的功勞**：一將功成萬骨枯型的主管；好主管的典範是責任一肩扛，功勞大家享；他的用語裡只有我，沒有我們。

　　6. **無法控制自己的情緒**：話很多但是沒有重點，更無法傾

聽他人說話，無法容忍不同的聲音，甚至於懲罰信差；更沒有
說謝謝的雅量。

◆ 言而有信，說到做到（walk the talk）

　　我們常看到企業內部大會議室的設計，一般都會放企業文
化，高效會議，品質政策…等展示企業價值和特色的文字，有
一次我到一家國際級的高科技企業給高階主管做培訓，看到牆
上琳瑯滿目，我對他們說「貴公司的標準真是高呀」，他們回
答「這些都是我們沒有做到的」，真是嚇我一跳，我安靜的想
一想，這也很真實。

　　「說出來，設計一套制度」簡單，但是要做到不容易，「由
知道到行道是世界上最遠的距離」，作為一個個人，父母或是主
管，我們很容易說出許多好的對的道理來，但是我們的朋友，
孩子和同事，屬下時時也在觀察我們是否有做到？他們不會在
意你說了什麼，而是你做了什麼？特別在關鍵時刻，一個企業
在關鍵時刻，身為主管的你會怎麼表現？

　　我們都認同「人才是企業最重要的資本」，當員工，配偶
或是孩子生病了或是家裡發生重要事故，作為主管的你會怎麼
做？當市場蕭條，業績不振時，當企業必須面對轉型時，主管
們會怎麼做？我記得有一次到海外出差，行程排得滿滿的，有

一天受到信息，我家屋子的地區火燒山，我老闆一知道，叫我馬上買機票回家，這件事一直讓我感念，作為一個高階主管，我也一直在傳述這個親身經歷的故事。

員工的信任不是來自於主管們怎麼說，而是主管們怎麼做？不是在平時怎麼做，而是在關鍵時刻主管們怎麼做？

◆ 面對衝突的管理能力

衝突時建立信任必經之路，我喜歡在課堂上問學員「你能描述被信任的感覺嗎？」學員的經歷不同，年紀也不同，但是所展示的文字確實相近，這是一些常出現的字詞：

被信任的感覺

- 幸福 Happiness
- 能量 Energetic
- 開心 Smiling, Happy
- 釋放 Released
- 自由選擇和行動 Freedom to choose
- 開展潛能 Potential
- 創新 Innovative
- 可能性 Possibilities
- 安全 Safe
- 接納 Accepted
- 冒風險 Risk taking
- 積極進取 Aggressive
- 願意和他人合作 Willing to Connect and Cooperate with Others
- 正向 Positively
- 給予者 Giver

　　我們心理上也來感受一下信任團隊的氛圍，本頁下方的圖希望能給大家一個心靈上被信任的享受和震撼。

　　我們人是一種社會型的動物，在心底的深處有兩大需求：一是「被尊重，被接納，被信任」，二是「被重視」，在馬斯洛的理論裡有清楚的顯示，在人際交往中，我們會面對這四種可能的情境：這是我們先前提到的信任心理距離的另一種展示：

「高信任團隊！」

- 你問我答：這是合作，信任的關係，我們待會兒還會談到多深入的回答，這是心理安全疆界的課題。

對話模式

	你問	你不問
我答	信賴	依賴
我不答	隔閡	距離

- 你問我不回答：這是有隔閡，聽而不聞，視而不見，這是逃避 (Flight) 者的心態。
- 你不問我回答：這是長舌的人，心裡的事隱藏不住，需要找個人到垃圾，這是心理上的依賴。
- 你不問，我不答：這是「相敬如冰」，「相敬如兵」，或是「相敬如賓」的距離，這裡都沒有足夠的信任來開

啟一場
對話。

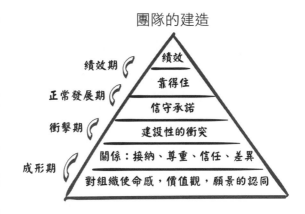

團隊的建造

績效期　績效
靠得住
正常發展期　信守承諾
衝擊期　建設性的衝突
成形期　關係：接納、尊重、信任、差異
對組織使命感，價值觀，願景的認同

在團隊的互動中，我們除了必須衝破以上可能的隔閡外，還需要面對意見上的不同或是衝突，我們該如何面對？ 我們先來看看團隊建設的幾個基本步驟，上圖是在 《團隊領導的五大障礙》一書裡的模型，對於團隊建設的幫助很有效。

組織裡需要先找到對的人上車，認同組織和團隊的基本價值和理念，才能走進第二階段的接納尊重和包容差異，在認同中才有能力接納不同，婚姻更是如此，這是「成形期」，也是建立基層的階段。

再下來就是要「面對衝突」的洗禮，這裡的衝突不是說要硬著幹，而是敢於在主流思想 (包含老闆的意思)，的大環境下，自己還是敢於提出自己的看法，不只是在私底下，更在團隊的公開討論會議裡，這是團隊也是領導力的重要指標。作為一個企業高管教練，只要坐在大老闆的會議裡，我們就很容易的聞

出這個團隊的領導氛圍和信任的層級了。這是超音速飛機要超越的音障，是主管要由管理者突破到領導者的關卡，也是員工由「我」到「我們」的轉折點。再下來的承諾和可靠就不必再多說了，我們都有許多的修煉。

談到衝突幾個可能的選擇，這和我們剛說對的「信任」選擇有點類似，讓我用學人克里曼（Thomas Kilmann）下圖的模型來說明，它還是處於「個人利益」和「他人利益」間的掙扎，中間的拿捏的信任指標也是關鍵點；我們可以選擇：逃避或是競爭，合作或是競爭，或是妥協。這個決策和時間，對象，

衝突管理的模型（Thomas-Kilman）
source: Thomas-Kilman conflict mode

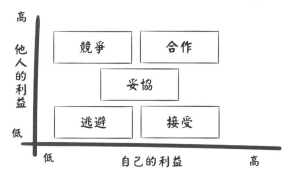

主題，關係，當時的情緒等……都會有關聯。

◆ 壓力下的生存術

人在和平自由沒有壓力下的環境下的表現和在極境下的表現會有所不同，這個歷練對於一個高階主管特別重要。當組織面對困境時，你會有什麼反應？我們先來看看一些理論：

「人的本質」是史提芬・博格詩（Stephen Poges, Sue. Cater）夫婦的研究，他們專門從事「社會機制如何塑造人的社會行為」研究，他們的理論稱為「Porges' Polyvagal Theory, PVT」，理論中我最關心的課題是「當人面對壓力時，會有什麼行為表現？」它的答案是人有三個層次的選擇，而且是按照次序來的，第一個層次是「文明的方式」，對人對社會對組織的信任，它建立在親密的關係上，相信它是公平的正義的可以信任的，他會透過對話，合作，博弈等等活動來達成雙方需求的目的。如果你一個系統解決不了問題，舉個例說，當有一方不再被信任時，當有一方感覺會被欺騙或是受到傷害時，第二個系統就開始運作，就是我們常說的「戰或逃」；最後一個層次是人類最原始的保護措施「裝死」，當我們失控時，完全無法掌握外在的環境時，在高度的震撼時，我們會昏倒，全身癱瘓，或是眼前發黑。

每一件事對不同的人會落在不同的層級，舉個公開講演的

例子，有些人馬上掉入第三階層，兩腳發抖，眼前發黑，可是對某些人就是非常的興奮，他們在第一階層，我們待會兒會談一談「差異和包容」，每一個人對每一個情境都會有差異，當我們在談到「同理心」時，也必須將這些因素考慮進來。

這許多的現象不一定會表現在行為面，而是潛藏在心思意念的層面，我們自己感受得到，我們在外在的行為裡，可能會用一些人的特異功能來掩蓋：比如說：

- 合理化的能力，
- 選擇性的聆聽，
- 內在誓言，堅持自己的意見是對的。

" 我們依照行為來批評他人，但是用動機來審查自己：領導人的壓力測試 "

我在協助領導人理解自己在這方面的傾向時，常用的是一家叫「EQ-in-Action」的測試（Learning in action technologies, Inc.USA）；當受測者在看完幾個影片案例後，分別回答一下問題，最後出來的三個報告包含：

- 自我的反思和同理，
- 基於第一個報告，來解讀自我的情緒分佈，
- 最後理解自我管理和領導的成熟度

1. 自我的反思和同理：

‧ 在面對壓力時，我取得外在情緒資訊的能力如何？

‧ 在面對壓力時，我的態度是偏向正向還是負向？

‧ 在面對壓力時，第一時間，我想到自己還是他人？

‧ 在面對壓力時，我對自己情緒，思想和感覺的平衡又是
如何？

‧ 在面對壓力時，我還對他人有同理心嗎？精確度如
何？

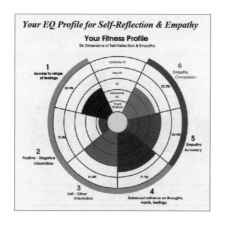

· 在面對壓力時，對他人的同理心，我會採取行動嗎？

2. **解讀自我的情緒分布：**我們有許多的情緒標籤，這個測試將它濃縮為七種：

· 生氣（Anger），焦慮（Anxiety），恐懼（Fear），傷心（Sadness），羞恥（Shame），喜樂（Joy），愛（Love）。

· 最理想的狀態是前五個因子佔 50% 的能量，後兩個因子佔 50% 的能量，能量度的總和是 100 這些因子互為影響。

· 人可以很健康的生氣，比如說為的是公平和正義，這是

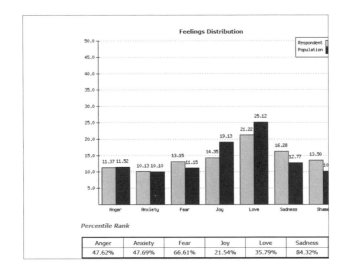

	Anger	Anxiety	Fear	Joy	Love	Sadness
	47.62%	47.69%	66.61%	21.54%	35.79%	84.32%

健康的行為；如果是為保護自己的私利，或是覺得自己
被冒犯或是被侮辱，這就不見得是健康的行為了。

· 一個非常喜樂的人，不代表他沒有憂傷或是恐懼，只是
能量分布的大小而已。再加上自我的「合理化能力」，
憑著行為更是看不出來。

3. 自我管理和領導的成熟度：

· 在面對壓力時，有些人選擇「互助取暖（
Interdependence）」，有些人則是「讓我安靜一
下（Independent）」，有些人馬上要「尋求幫助
（Dependent）」，最後一種人則是「不理不睬

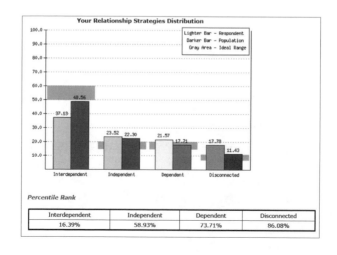

（Isolated）」，天塌下來還有高個子頂住。

以上這些測試能幫助人理解心裡深處的自己，知悉在高壓下我們會有什麼心裡反應，並能及時做鍛煉，改變思路，行為自然會改變了，這也是教練的價值。

" 由「認同」邁向「不同」的領域：個性 "

本章前面我們談的是人的「共性」，現在我們來看每一個人的特性或叫「個性」。前一項要尋求認同，後一項則是可以不同，需要的能力是「接納和包容」

這都是建立信任的任督二脈，沒有完全打通，還是無法建立良好的信任。

人與人的信任可以分成幾個層級：

* 我和我的自我信任：許多人的自信心不強，和自己和好對自己信任，這是信任旅程的基層。
* 我和你的互相信任：這是信任的重點，多個你就是團隊的雛形。
* 我和我們的團隊信任：團隊是個模糊的身份，但是它確實存在。

信任的層級

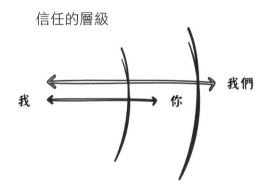

1. 自我的信任：

· 起始於自我的覺察，認清我是誰？我的使命是什麼？
  我做什麼，不做什麼？我要去哪裡？我的願景和目標
  是什麼？

· 自我管理和領導：催逼著自己往目標和願景邁進，堅持
  的走在自己的道路上，不斷給自己鼓勵和挑戰，做自己
  的教練，建立一個正向的循環。

2. 你我的信任

· 開啟於「同理心」或叫「感同身受」，我能理解你的感
  受，朋友受傷了，不只是在精神鼓勵他要多保重，而且
  是理解他的痛，陪伴他走這段路。

· 你我關係開展的最關鍵階段是建立信任關係，才能開

EQ in Action：情商的應用

	I 自我	You 你	We 我們
Awareness 覺察	Awakening 自我覺醒	Empathy 同理心	Engagement 投入
Development 發展	Self-Leadership 自我管理領導	Trust 信任 Cooperation 合作	Teamwork 團隊

啟合作。

3. 我們間的信任

· 這是我個人和許多的你（就是團隊）的關係建立，首先要考慮的是「你願意投入這個社群嗎？你認同他們嗎？」投入是你和我們關係建立的考驗點。

· 投入之後，才會被邀請參與，成為團隊的一分子，慢慢建立更高級的信任關係，拉近互相的信任距離。

最後，我們來談談那些可能不同的「個性」，我們如何來定義，如何來結合建立關係？在差異不同中，能有意識的包容和接納，我們針對這四個主題來做簡單的介紹，因為這會就發生在我們日常生活裡：

1. MBTI 的個性評量

2. DISC 的領導力評量

3. 愛的語言

4. 個人依附模式的評量

◆ MBTI 的個性評量

　　一個年輕人最近和他女友分手了，原因是「個性不合」，我詳細問了原因，他告訴我說「最近我們共同出遊，她要求我將旅程的每一個細節都詳細列出，細到幾點幾分到火車站，然後…，現在距離旅遊的時間還有兩個月呢？拜託，我自己認為，既然是旅遊，就要放輕鬆，何苦將自己綁得那麼死！」最後是旅遊

MBTI 性格類型

• E (Extraversion 外向型)：專注外部能量	• I (Intra-version 內向型)：先思考會怎麼做再問他人
• S (Sensing 感覺型)：要具體資訊事實	• N (Intuitive 直覺型)：著重大局和未來可能性
• T (Thinking 思考型)：邏輯思考和分析	• F (Feeling 情感型)價值情感個人相關優先
• J (Judging 判斷型)：有計劃和組織再行動	• P (Perceiving 感知型)：做事情靈活隨時可改變

去不成了，天天吵架，關係也吹了。

　　這是個性不合的標準案例，他們兩個基本上是不同類型的人，可以說不同，也可以說是互補，就看兩人間如何磨合了，其中有愛（這是潛藏的信任），一切不難解，你說是嗎？這也是我們生活裡常會碰到的案例，個性不合的同事，朋友，你如何來認同和接納對方呢？一個快槍俠碰到一個慢郎中，如何磨合？好好磨合是絕大的優勢，但是困難度也高。

◆ DISC 領導力評量

　　面對一個支配型的主管，你憑什麼願意信任他？這個信任基礎可以使用在一個支持度高的同事身上嗎？在這個多元文化和多元的性格環境裡，你如何找出一條自己的模式，來信任他人，這才能開啟合作。

◆ 愛的語言

　　我們曾提到一個主管有兩大資源，一個是權力一個是愛，但是當我們開始實踐愛的時候，我們會發現每一個人愛的語言都不一樣，意思是說「你的愛的語言和行動可能對我沒有價值」，這對於信任關係的研究是一項大的突破，這是蓋瑞‧查

DISC 領導力模型

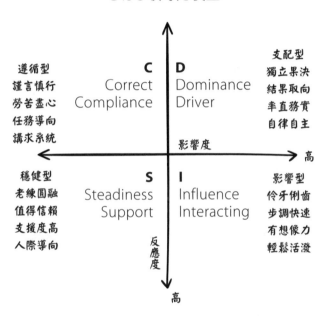

遵循型
謹言慎行
勞苦盡心
任務導向
講求系統

C
Correct
Compliance

D
Dominance
Driver

支配型
獨立果決
結果取向
率直務實
自律自主

影響度

高

穩健型
老練圓融
值得信賴
支援度高
人際導向

S
Steadiness
Support

I
Influence
Interacting

影響型
伶牙俐齒
步調快速
有想像力
輕鬆活潑

反應度

高

普曼（Dr. Gary Chapman）在他的書《五種愛的語言》（The five love language）裡的見解，有天早上我和太太共同吃早餐也談這個主題，「什麼是我們愛的語言？」我們發覺各自表述不同，我們常以「平常心」或是「將心比心」，或是「己所不欲，勿施於人」，在企業裡常會是「己所欲，施於人」，這都不是愛的語言。我所知道的是「給對方所珍惜的東西或是服務」，要先問才給，否則就沒有價值。對個人，家庭，組織領導，道

理都是一樣的，這也不是個性化的愛的語言，在這本書裡談到的五種愛的語言是：

- 精心的時刻（Quality time)
- 肯定的言辭 (Words of affirmation)
- 接受禮物 (Receiving gifts)
- 服務的行動 (Acts of service)
- 身體的接觸 (Physical touch)

　　我不預備在此深入談這個主題，但是要提醒我們的是，這些因子用對了會強化信任，用錯了，就是枉然勞力；這使我想到一件我過去常犯的錯誤，因為不理解太太愛的語言，還好現在還來得及補救。我每次到海外出差，總會為太太買一件當地的衣服做禮物，好幾年延續下來，直到有一天太太抱怨了，她說「你只想將我變成你心目中的樣子，但是我要做我自己」，她不喜歡我買的衣服，那該做什麼才好呢？我讀過這本書後才搞清楚，她不是禮物型的，而是服務型的，她告訴我，只要陪她逛花市，給她買一盆花，她就心滿意足了，最近，我就強力的做，簡單容易，很明顯的是以前按錯按鈕了，過去的努力沒有加分。

◆ 依附模式和社群

信任是一種的選擇和給予，在組織裡我們必須先贏得他人的信任和接納，建立自尊後才有能力給他人予以信任；這就是為什麼我們對於新進員工要特別安排接待和引導，這是主管重要的責任之一，有些企業也安排每一個新進員工一位導師，讓他感覺溫暖也加速進入信任圈，這也是第一枝棕櫚枝，讓他覺得被接納尊重，加速融入組織。信任速度會因和每一個人的依附模式，依附社群和壓力情境而有所不同：

依附模式。每一個人的心理狀態不盡相同，不在他的年齡，而在他的心智狀態，可以分成四大類：

- 安全依附型（Secure）：高自尊與自我價值、信任他人、高自我表露、能忍受與重要他人的分離並發展自我。

- 焦慮依附型（Anxious-resistant insecure attachment）：低自尊與自我價值、缺乏安全感、懷疑忠誠、控制對方、無法忍受與重要他人的分離。

- 逃避依附型（Anxious-avoidant insecure attachment）：低自尊與自我價值、不信任他人、壓

抑依賴的渴望、態度漠然、避免深刻的關係。

- 矛盾依附型（Disorganized/disoriented attachment）：低自尊與自我價值、不信任他人、對是否依附產矛盾情感、情緒不易安撫。

個人的心理需求模式

這是描敘個人心理狀態的屬性，請注意它未必和實際年齡有關：

- 小小孩：你應該知道我的需要，在我還沒開口前，你應該預備好，否則我就哭。
- 孩童：開始有延遲需求的能力，常常會回答：我很好。
- 年輕人：能力半青不熟，口頭禪就是「這個我知道，你不必告訴我」。
- 成年人：有能力將自己的需求清楚的陳述溝通，而不帶情緒。

你自己和你面對的合作夥伴，他們在哪個階層呢？你如何和他們互動，贏得更好的信任呢？

依附社群

不同的社群有不同的屬性，比如說政治，宗教，家族，企業等，各有它們不同的組織文化，在組織裡，人與人的互動模式也不同，會有淺層信任社群或是深層信任社群，它們會影響信任的建立速度和成敗。

壓力情境

有些組織對每一個成員有高期待，讓成員沒有選擇但是必須做出承諾，這大大會影響信任的建立成敗，這不只發生在企業組織，也同時發生在我們最親密的人，父母對孩子的期待，老師對學生的期待，教練對球員的期待…等，都是在高壓力情境下的信任關係。

" 心思意念的戰場： 老傳統、老價值 "

在我們的生命價值觀裡，有許多是老傳統、舊文化，必須再被釐清，否則會阻撓溝通和信任的建立。

我來說一段故事：一個年輕太太每次烤牛排都要將邊切除，丈夫問她為什麼要如此做？她說：「這個我不知道，這是媽媽教我的。」再回去問媽媽，答案還是一樣，最後問到外婆，她

Mind Map: 心思意念

資料來源: Positive Intelligence (PQ)

Saboteurs — 心魔	Sage —心聖
Anxiety, 焦慮	Curiosity, 好奇
Anger, 憤怒	Joy, Creativity, 喜樂 , 創造
Regret, 悔恨	Peace, Calm, 平安
Blame, 控告	Gratitude, 感恩
Fear, 懼怕	Trust, hope, love 信任愛
Uncertain, 不確定	Openness, Vulnerable, 開放寬容
Denial, 拒絕	Positive, 正向
Defensive, 過度保護自己	Risk taking, 敢於冒風險
No Trust, 不信任	Connected to share, 分享

哈哈一笑說，「這是因為我用的鍋子不夠大才需要去邊」。我們遵守老傳統是一件美德，但是還是要釐清它時代的價值和意義。特別是現在已經由農業時代走入工業化時代，更進入資訊化，人才個性化的時代了，有些早期的思路可能需要被更新。我們心中有許多的經驗和假設，它們可能是信任的加速器，也可能是阻擋。

讀者們也可以看看這兩頁的心思意念表格，看看可以如何管理它們成為我們的好幫手。

心理學家馬丁・賽里格曼（Dr. Martin Seligman）

The Power of Mind Map: 心思意念的權柄

Saboteurs — 心魔	Sage —心聖
Judge 批判	Empathy, 同理
Controller, 控制	Explore, 探索
Winning 要贏	Create 開創
Victim, 犧牲自己討好他人	Innovate, 創新
Avoid, Walk away, 逃避困難	Navigate, 引導
Destroy, 破壞不願見他人好	Activate，啟動
Tell, Command, Stubborn, 告知，命令，固執	Empower, 賦權
Hopeless, Shame, 自卑自憐	Yes and …, 開放促進
Guilt. 罪惡感	
Yes, but…過度謹慎	資料來源: Positive Intelligence (PQ)

在他 2006 年出版的書《學習樂觀‧樂觀學習》（Learned Optimism: how to change your mind and your life）裡陳述了一個案例，他對美國大都會人壽（Metlife）保險經紀人所作的一項研究報告，主題是「他們如何詮釋困境」，追蹤調查的結論是：「態度較樂觀者比悲觀形態者業績平均高出 37%」；大家熟知的 IQ 和 EQ 都是我們的能力和潛能，而 PQ（Positive intelligence）正向情商則可以幫助我們發揮出潛能的極致；我們的心思意念會決定外在的行為和績效，也會影響我們和他人的互動合作。

另外，若是在一個多元文化的團隊裡，我們如何建立信任？ 2015 年出版了一本有關多元文化的著作：《新型職場：

超多元部屬時代的跨差異人際領導風格》（FLEX: the new playbook for managing across differences），這本書呼應了我一位國際企業的 CDO（多元文化長）、也是我的美國教練朋友告訴過我的：「多元文化是今日企業最具潛力的資源」。在今日，國際化企業和國際化運營是企業的常態，我們要如何跨過不同人們的文化高牆，建立信任呢？在《新型職場》一書中有些好例子，例如 IBM 在 1990 年代中期在企業內設計了八個跨文化的特殊工作小組，以性別，種族，性向，教育…等分群，小組討論的主題是「如何在多元文化的團隊裡提高生產力？面對這些多元文化的客戶市場，我們如何開展市場會更有效？」這猶如是在教室外的另一堂「利基市場」（niche market）課，這項制度績效卓著。百事可樂也採取過類似的行動，它建立一個特殊社群 PAN（PepsiCo Asian Network），將員工和商業夥伴連結，定義出產品口味，市場營銷的策略……等，這只是在那本書裡頭的幾個案例。

　　做為一個曾經做過全球營銷副總裁和總經理的我，對這本書的感受是「相見恨晚」，如果在我執業時能具有書中的能力，相信我的歷練會更成熟，經營會更得心應手。特別是今天企業所面對的環境，這本書的主題非常關鍵，但是對此有能力和歷練能寫的人太少了。

　　這本書並且將企業內好的領導人稱之為「通曉型領導人」。他們必備的能力和共通的特徵是：

- 　　調適自己後，才展現自己的優勢風格。

- 　　對模糊和複雜的情境能自在的相處。

- 　　無條件的正面關懷。

- 　　願意跨越權力鴻溝。

- 　　敢於展示自己的脆弱。

- 　　積極的建立人和人間的信任。

　　許多主管常常會自傲的述說自己辦公室有「開門政策」（open door policy），他們歡迎員工隨時有事找他談，可是當我問他們效果如何？有多少人願意和他談？事實是許多員工選擇沉默，為什麼呢？許多企業懂得如何讓那（看得見的）高牆倒下，但是卻少有企業懂得如何讓那看不見的（心理）高牆倒下。什麼是看不見的高牆？這就是《新型職場》這本書的重點—因為人與人間有「心理鴻溝」與信任，包含權力階梯，文化，性別，種族，代溝，宗教，教育，年紀，經驗，個性…等。就如教練常在談「同理心」，要站在對方的立場來思考，只是站在他人面前，我們真正理解對方嗎？要由哪個角度來同理？況且我們常用行為來觀察他人，但是卻用動機來審查自己，我

們都有盲點，會刻意用不同的鏡頭來看自己和觀察他人。

谷歌（Google）曾經以一個「有氧計劃」（Project Oxygen）選拔最佳經理人，他們定出來的第一個標準特質是「當個好教練」，而不再是「授權或是賦權」，教練型主管才有能力跨越這個多元文化的鴻溝，也能贏得信任，他們也才能具備通曉型領導人所必備的能力。一個好的教練型主管具備「勇氣，謙卑，紀律，勇於展示脆弱」的性格，在面對「不同意，不確定」的情境下，願意暫時放下自己的情緒和權力，用好奇的心態來深入探尋，尋找出不同的可能性。

至於要如何縮短這個鴻溝，建立信任呢？它有幾個關鍵能力：Awareness（感知力），Acknowledgement（理解力），Acceptance（接納心），Adaption（適應力），Leverage（利用優勢），Optimization（優化力）。《新型職場》一書中舉出好多的案例，這些案例也在我們身旁隨處可見，只是我們沒有感知力罷了。

比如，一批外國人（也許就是你我）到中國大企業參訪，他們提出許多的合作建議案，在最後，中國老總說「非常的好，我們會研究研究」，老外好有成就感，客人要研究研究，但是中國通們會知道，這就是「不」的意思啦，也暗喻了文化的差異；或比如，一批人到印度外包的廠商拜訪，檢查他們的進度，印度

主管說「我們忙翻了，我們盡力而為來配合你需求的進度」，你可以預測這個項目的進度應該是落後了，這也是文化差異；我們常聽到這類「盡力而為」的承諾，基本上它沒有承諾。

最後，這本書更指出，突破不同世代人群心理鴻溝的壁壘，以建立信任，是現代主管的必修；就以台灣的比喻來說，「三到四年級生」重年資和權威，五、六年級生希望他們的意見有被聽到，七、八年級生則期待說真話，動機好，用理性來說服他們，而不是權力的壓制。

在當前高成長高風險高報酬的環境裡，領導者會偏向聘用和晉升和自己屬性相近的人，相對的較容易融入企業，但是這也是企業最大的風險，它的單一性會失去許多舒適區外的成長機會，它最大的挑戰是可能沒有能力和氛圍來培育支持價值和成長動力不同的高潛力人才。

未來最珍貴的人才，可能在那些「不尋常，聲音小，不像自己」的場域，多元磨合的能力和建設有信任的團隊將是企業下一波的競爭力，你和你的企業預備好跨過這個鴻溝了沒？

RAA 時間：反思，轉化，行動

- 你有喪失信任的經歷嗎？

- 是什麼原因，讓你不再信任某些人？

- 是什麼原因，讓你不再被某些人信任？

- 你會採取什麼行動來補救？

4章

我憑什麼信得過你？ 5C 模式

信任來自「贏得」而不是「給予」。
Trust is earned, not given.

TRUST IS THE KEY
TO **MOVE FORWARD**

" 己所欲，施於人 ？"

如何建立信任？信任從何而來？我們華人大都會認同孔老夫子的「己所不欲，勿施於人」的道理，這教育了我們什麼不要做，但是在實踐的過程中，能做什麼呢？如果這句話倒過來做你可以接受嗎？那就是「己所欲，施於人」，我們來看看一個大家可能都熟悉的故事：

一對老夫婦一向相敬如賓，非常的恩愛，有一次老妻病了，老夫親自服侍湯藥，每天早午晚餐，定時的餵食，給老妻吃饅頭外部多穀類的脆皮殼，自己吃那較柔軟白白的內餡，直到有一天，老妻子問老夫說：「為什麼你每次都給我吃硬邦邦的饅頭外殼，而你自己吃柔軟的內餡呢？」

老夫說：「那脆脆的皮殼是我最喜歡吃的，我留著給你吃」，老妻說「不，柔軟的內餡才是我喜歡吃的」，老夫一陣驚嚇。這和我自己出國買禮物給太太的經歷一樣，我總是買一個最具有特色的好禮物給老婆，但是有一天她說話了，「我不喜歡你買的衣服，那不是我的個性，我要做自己。」

一句話驚醒夢中人；這就是我們每一個人的慣性「己所欲，施於人」，但這不是真理。

" 增強法則 "

　　如果老夫的回答是：「我看你過去都很喜歡吃那脆皮，那不是你最喜歡的嗎？」那也不是真理，那就是人心裡的「增強法則」，你看到一個人多吃一塊麵包，就認為他喜歡吃那種麵包，而不理解當時的情境；這使我想到我年幼時的一段經歷，我是農家子弟，家裡比較貧窮，我耳裡常聽到母親在吃飯時的一句話就是「我喜歡吃魚頭」，當時還認為這是媽媽最喜歡的，直到自己長大，才知道這裡有多少媽媽的愛，她為讓我們多吃魚肉才能長健壯，就告訴我們「自己喜歡魚頭」，可是這個訊息不斷的在我心中增強，直到我醒悟過來，媽媽已經離開我們了。

　　這些故事也不斷的在我們生命中重演著，非常的熟悉，直到有一天，我們喚醒自己，開啟好奇心的門，願意勇敢的探詢，用好奇心的態度，來釐清這些假設：這是真的嗎？如果我是她，我會這麼想？

　　在企業內，我們也常有這些迷思，「主管的善意，對員工一定有價值嗎？」最近有機會陪伴一位高階主管共同研讀《習慣的力量》（the power of habit）這本書，我請問他：「如果

一位員工表現非常的優異，你會怎麼激勵他？」他想了想，說「按照公司的規定，我可以……」，我反問他「你如果是這位員工，你的善意，他會感動嗎？」他想了好久，最後說，「好像還欠缺什麼感動的元素？」是的，什麼是感動的元素？讓人們願意鏈接起來，建立信任。這就是這一章要談的主題。

" COAL 法則 "

我們倒帶再回想老夫妻的案例，他們如何能各取所需呢？而不是用愛包裹著你不想要的東西或是服務？雖然這個案例還談不上沒有信任，但是確實已見到了信任的殺手。

我們來做個簡單的推演，如果老夫能先問老妻：「太太，我買回來你喜歡吃的雜糧饅頭，我加熱了，你喜歡吃脆的外皮，還是柔軟的內餡？」老妻會很清楚的告訴他「柔軟的內餡」；就是這一小步，會跨出信任的一大步。

這一步如何跨出呢？這裡要談的是「COAL 法則」，COAL 代表：

- Curiosity（以好奇心的態度提問）
- Openness（以開放心胸的心情提問）

- Acceptance（接納對方可能的答案而不做批判）
- Love（最後說聲謝謝）

在我們使用這些溝通技巧前，我們偶爾會遇見一些難纏的傢伙，他們可能是個小嬰孩（Baby），小孩（Child），年輕人（Youth）和成年人（Adult），在此我說的不是他們的年紀，而是心裡年齡，這在第三章我們有談過：

- 小小孩：你應該知道我的需要，在我還沒開口前，你應該預備好，否則我就哭。
- 孩童：開始有延遲需求的能力，常常會回答：我很好。
- 年輕人：能力半青不熟，口頭禪就是「這個我知道，你不必告訴我」。
- 成年人：有能力將自己的需求清楚的陳述溝通，而不帶情緒。

你自己和你面對的合作夥伴，他們在那個階層呢？你如何和他們互動，贏得更好的信任呢？

我們要做的，就是將他們當成是成年人，自己用成年人的態度和對方溝通，才有機會找到成熟的鏈接點。

" 信任的層級 "

我們觀察組織裡有許多被信任的個人，他們在各個工作崗位上發揮他們各自的功能和價值，這是我所觀察到的三個信任層級：

1. **我的責任我負責：我被信得過**
   這在高科技企業裡非常的普遍，每一個人都是科技人，各有各的職掌，互不侵犯，我在我的職位分工上盡上我的責任，我能被主管信得過。

2. **「我—你—我們」間的團隊信任**
   這是團隊間的信任，我和你的信任，我和我們間的信任，這也是我們這本書要專注的主題。

3. **極境信任**
   這是信任的強化基礎，沒有使命感急迫感壓力犧牲和附上代價等元素，無法建立革命情感，這是信任最堅固的營壘；最近有本書的名稱叫《最後吃，才是真領導》（leaders eat last），此話不虛！

" 啟動溝通，強化鏈接（communicate to connect）"

信任的層級

「外包」是全球化的趨勢，所謂外包是將國內自己的工作轉移到海外較廉價的生產基地，這對企業是一條不歸路，但是對員工卻有不同的感受，許多的員工心裡所承受的故事是：「我將工作轉移出去，我就失業了」這也是事實，是有許多不負責任的老闆這樣做，但是這是你的企業和組織嗎？如果你不是這樣，你還是默默的幹，讓員工承受這些壓力和痛苦嗎？還是你會有不同的做法？

你會做組織願景的規劃和人力盤點嗎？你會期待哪些人幫助你繼續往前行，到海外基地幫助企業開疆拓土？你希望哪些人需要重新培養新的技能，開展新專業？我們看到許多的企業走入服務和強化物流能力，就是非常好的案例，溝通是邁向鏈接的第一步，這都是信任的根基。

我再來舉個企業內部溝通不良而傷害到信任的案例，有個人是企業事業部門總經理，工程師背景，我被邀請為他的個人

教練，教練的目的之一是「改變太過保守的經營決策行為」，我在深度訪談後，理解這個總經理為什麼會被老闆們貼上「保守派」的標籤，他個人的假設是：「大老闆們都很忙，我需要做足功課，將新的建議案做到接近成熟再向他們報告，一來可以節省老闆的時間，二來我也不會失掉面子」，可是我走到大老闆的面前，他對這個總經理的期待則是「將我當做合作夥伴，有什麼新想法隨時和我談，我們一起來開創，不要只將我當成橡皮圖章」，因為沒有良好的溝通，中間的信任鈕帶就斷了，當我釐清中間的缺口，在這位總經理的心思意念裡做個轉念，再建立一個新習慣，也就順利達成教練的使命了。

◆ 信任的自我對話

在信任他人前，我們會先對需要信任的對象做一番評估，這是一段自我對話的樣本：

我 對 ＿＿＿＿＿（ 人 名 ） 的 ＿＿＿＿＿＿＿（ 針對性的人格特質，能力…等） 信得過，我希望在＿＿＿＿＿＿＿＿＿＿＿（這件事，在這個時刻） 邀請他來＿＿＿＿＿＿（承擔責任或是分享權力）。

　　例如：我對陳教練的高管教練能力信得過，我希望邀請他來成為我個人的教練。

　　我對蔡副總的海外經驗信得過，我希望邀請他來負責美洲區的市場開展。

　　接下來，我們來做幾段組織內的信任測試，首先，我們來看看你的員工會如何回答這些問題：

- 我（員工）認為在我們的組織內有價值。

- 我的主管非常激勵我，幫助我把事情做到最好。

- 我的主管非常的真誠的和我溝通，並認真傾聽我的看法。

- 我的主管很清楚的告訴我們團隊的目標和期望。

- 我的主管常常花時間和我交談，並感謝我的努力。

- 我的主管對落後者提供必要的協助。

- 我的主管對員工的問題和困惑非常關注並及時回覆。

- 我知道我的主管在為我做的事感謝時，他是真誠的。

- 我同意主管對我的績效回饋，並願意積極改善，我知道這對我個人的發展成長有好處。

- 我知道在這家企業，我有公平的機會成長發展並獲得

提升。

* 我信任我的主管。
* 我知道我被授權處理我負責的業務內容，我也知道我的主管會隨時提供必要的協助。

以下則是另一段出自《清醒企業》（Conscious Business：How to Build Values Through Values）一書裡頭的的問題：

* 我知道主管對我在工作上的期待。
* 我有達成工作目標所需要的資源。
* 我有機會每天將工作做到最好。
* 在過去七天，我曾因為做好工作而受到主管或是同事的讚美和鼓勵。
* 我的主管或是同事會對我表示關懷。
* 我被鼓勵多發表自己的見解。
* 我的意見被傾聽和採納。
* 我的工作對團隊的使命和目標有貢獻。
* 我相信的合作夥伴會做出最高品質的貢獻。
* 我的主管定期的會和我談到我工作的進步和成長的空間。

- 在過去一年，我個人有具體的學習和發展。
- 我知道我在這個組織是有發展的機會。

最後，我們由主管的角度來省思，我如何來評估員工對我的信任？

- 員工會主動來找你談他個人的事情嗎？
- 你會主動去關心員工嗎？縱使他們只是合約員工
- 你可以接受他人的不同看法嗎？
- 當員工表現優異，你會及時給予表揚嗎？
- 在聽員工說話時，你能耐心傾聽，不會打斷嗎？
- 要表達不同意見時，你會先了解對方的情境嗎？
- 你能說到做到嗎？
- 你能接受他人對你的批評嗎？態度又如何？

"請你信任我 vs. 你信得過我嗎？"

在日常生活裡，特別是在電影情節裡，我們常會聽到這句話「這件事我用生命保證，請你相信我」，「我用人格保證，請你相信我」，「你應該信得過我」……面對這個情境，你真

的信得過他嗎？我在課堂裡常會問這個問題，統計出來的結果
是「否定多於肯定」，在心理學上，我們稱它為「強迫式的信
任」，它缺乏被信任的基礎，「你值得被信任嗎？」在這個情
境下比較合適的問句應該是「你信得過我嗎？」這是信任的第
一步，信任關係好似用膠帶粘貼，必須將要接觸的那兩面清洗
乾淨沒有玷污，才能粘貼牢靠。那粘貼的膠，就是「情感的投
入（Emotional Engagement）」。

◆ 情感投入

　　信任來自於「贏得對方的信任」，它起始於「自己善意的
付出或是奉獻」完成於「對方的正向回應」，這是一個正向的
互動流程，但是也包含了許多的情感成分；一個教練學員（也
是一位企業高層主管）對我說「每次我和我的總經理談話時，

　　他讓我感覺自己很重要，他感激我付出的努力和我的績效
對組織的貢獻，我感受到他欣賞我也信任我，我認為我在組織
內有價值，我看到我個人未來的希望，這是我留下來效力的原
因。」這裡有太多的關愛眼神，讓員工覺得被重視被欣賞有希
望，個人的需求能被滿足，相對的，組織的目標也被實現了，
這是雙方正向的互動和強化行為；這是超越「溝通，接納，尊
重」關係發展上的強連結。

每一個員工參
與組織奉獻，創造價
值，他個人的第一個
需求是自我的成就動
機或是更底層的薪資
收入或是福利措施，
與家人相處的時間，
和有合理的獎酬激
勵，而不是為達成組
織的目標，如何在工

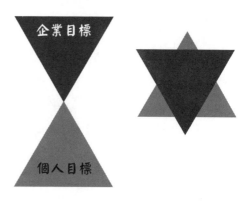

情感投入
Emotional Engagement

企業目標

個人目標

作時，能將個人的動機能和組織目標接軌，能贏得人心，這是
活力團隊領導力的最高展現。

我喜歡用上面「人才馬卡巴」的這張圖片來展示這個概
念，如何讓員工的個人動機需求和組織目標接軌，讓員工情感
投入。

"「以他為師」：為什麼你尊敬他們？"

我也常請問企業高層主管：「列出你最尊敬的前三人，為
什麼你尊敬他們？他們有什麼共同的特色？」這個問題難不倒

他們，很容易能找出自己的答案，在解構後，發覺內容也是八九不離十，指向的要件都是品格，比如說正直，真誠，愛心，積極，大器領導…等。但是當我再問第二個問題時，他們就有點猶豫了，「列出你最信任的前三人，為什麼你信任他們？他們有什麼共同的特色？」，每一個人的答案差距非常大，信任的複雜度相對的高，這也是我寫這本書的動機，我無法提供完整的答案，只是冰山一角，和大家分享個人的研究心得，希望對今日努力在生活的每一個人，企業裡的每一個經營者有點幫助，但是其中一個共同點是「感動（Resonance）」的元素，不只在行為或是結果，更是品格，動機和價值觀的相契合和感動，我們會在本章裡再更詳細的說明。

◆ 人贏得尊重有四個層次

第一個層次是來自於「**專業能力與態度**」，因著卓越精神和表現贏得別人的敬重。這會使人充滿成就感，但也容易使人開始自滿，這是外在的敬重。

第二個層次是「**在關鍵時刻能堅持自我對品格的要求**」；開始挑戰自己心中品德品格與關係的天平，當面對反對的聲音，來自於四面八方的壓力，是否仍能選擇傾聽自我心中的良知，堅持初衷；可能會失去你在第一層次所贏得的奧援，經過這試

煉，會開始模塑出一個領袖的特質。

第三個層次是「**敢於展示脆弱**」；開始挑戰自我的尊嚴。對於一個有身分和社會地位的人，面對自我的失誤，以及可能對他人造成的傷害，是否願意放下尊嚴，坦然道歉，寧可表裡如一，不願掩飾錯誤。這個層次的領袖，使人不得不去敬重他，他被信任，不只是因為他的卓越和品格，更是因為他願意敞開他的軟弱，他使人心悅誠服的去愛他，擁抱他。

最後一個層次是「**謙卑，願意做個學習者**」；領袖的生命最後的一個功課是「謙卑」，更深的謙卑。

其實這個層次很不容易形容，但是我們可能都曾經歷過這樣的領導者。他深知自己是誰，更深深知道「自己不是誰」。他充滿領袖的能力與智慧，卻樂意隨時放下自己。專業，成就，品格，錯誤，對他來說都是生命的一個歷程，為了傳承每個有領袖呼召的人，他「虛己，樹人」，也被那些真正認識他的人所敬重，跟他在一起的人都得到滋潤，他的每個層面，都值得學習。

一個人要能贏得尊重，不只是要讓人記得他做過什麼事，說過什麼話，更重要的是「**他是什麼樣的一個人**」，這是真實的內在（Being）以及所彰顯出來的行為。

" 信仰，信念，信任 "

在深入探討信任以前，我們先來對這幾個詞做個簡單定義，建立一個基礎後才來開展才不會混擾；也許你在不同的場合會看到不同的說法，但是並不影響本書的價值。

信仰（Faith）：這是人對於神或是大自然母親親蜜關係的個人抉擇，對超越人類能力極限後的態度和選擇；它天生隱藏在每一個人的心中，但是也需要靠後天他人的開啟以及自我的覺察和抉擇，才會萌芽，它深植於人的內心，外顯於個人的行為和態度上。

信念（Belief）：這是個人對於一個事件，一個人或是一個價值所認定的立場，它是心思意念的一環，在廣義的內容上它也包含信仰，它會以我們的態度和行為表現出來，在困境時是一股最堅實的支撐力量。

信任（trust）：它是人與人間的關係層級，信任來自「贏得（Earned）」而不是「給予（Given）」，信任的基礎來自於你是否值得被信任（Trust-worthy）？對於信任你的人你是否靠得住（Accountable）？我們常常不經意的說出「我相信你」，在「相信」到「信任」之間，還有「依賴」的重要元素，

對方對你的依賴，你靠得住嗎？你值得他的信任嗎？如何贏得他人的信任？這是本書的目的。

" 如何贏得信任？認同與不同 "

經過不斷的解構和分析，我們將信任的要件分成「建設因子（constructive factors）」和「強化因子（enhancement factors）」；建設因子是「非要不可的因子」，它需要被認同，強化因子是「最好能有的因子」，它可以不同；它們共同的底層需要是「有溝通」和「被接納和尊重」，有基本上的「淺層」，最好是「深層」，的情感鏈接，用白話說，就是互相認識有溝通有來往「有關係」的人，這是我們這本書所要專注的信任。

◆ 信任的建設因子 ： 5C

我總結出信任的建設因子為 5C：

- ·   Character，品格：我信得過這個人嗎？這個人的操守是否值得信任？
- ·   Care，關心：他對我的事關心嗎？
- ·   Competence，能力：他有能力來處理這件事嗎？

- Commitment，承諾：對這件事的承諾度如何？
- Credit，信譽：他説話算話嗎？

光這樣解釋還是太抽象無法著
力，我們再來解構細分它的內涵，找
到自己的著力點。

信任的架構

| 強化因子 Enhancement Factors |
| 建設因子 Constructive Factors |

◆ 好品格是什麼？

　　一個傑出的領導人要有三個重要的能力，好品格，優秀能
力和正向能量。

　　如果沒有好的品格，相反的還潛藏私慾，能力和能量將成
為敗壞人的工具；好的能力能幫助你爬升職涯階梯，但是唯有
好品格才能贏得尊重並幫你坐穩；好品格是做人做事必須的條
件，但是什麼是好品格？它千頭萬緒，無法簡單的解釋清楚，
但是如果我們用另一個詞「美德」或是「品德」可能就明白得
多，品格含有價值觀的成分，但是美德就具有普世的真理，它
是品格的素質，在本書裡，我這樣來定義好品格：「**一個有優
良品格的人是具有美德的素養，並在日常生活裡展示出來它的
行為和價值，能知道到做到，美德是他生命裡所有行為的價值
指標**」，一個人的好品格是內心美德實踐出來的果效。

美德不是一般的社會價值，它不會隨著時間地域文化而改變；我曾參考了美國教育家班納特（William J. Bennett）在 1993 年出版的《美德書》（The Book of Virtues：a treasury of great moral stories），他列出「紀律，熱情，責任，友誼，勇氣，堅持，誠實，忠誠，信仰」；我再查考《聖經》裡的美德是「仁愛（Love），喜樂（Joy），和平（Peace），恩慈（Kindness），忍耐（Patience），良善（Goodness），信實（Faithfulness），溫柔（Gentleness），節制（Self-control）」，這些都是深入探討人最底層的心靈素質，也明白地闡述出各個著力點：

信任的建設因子：5C

能力 Competence

承諾 Commitment

信譽

品格 Character

關心 Care

情感投入（親密度）
Emotional Engagement: Intimacy

- 　「仁愛」是指我們的行為是出於對他人的關愛嗎？

- 「喜樂」是不論順境或是逆境，我能堅定不移而有正向的信念嗎？

- 「和平」是在順境或是逆境時，我內心仍是平靜並且願意展現勇氣和脆弱嗎？

- 「忍耐」是我在努力達成目標時，我有耐心堅持的追求和等候成果嗎？

- 「恩慈」是我有顆謙卑和同理的心，來傾聽並關懷他人的需要嗎？

- 「良善」是我在做任何事時，我的動機是希望對我自己以及團隊都能有價值嗎？

- 「信實」是我是否值得他人信賴？我誠實嗎？我是否信守我的承諾並有承擔責任的勇氣？

- 「溫柔」是我能剛柔並濟嗎？夠謙卑並敢於展示自己的脆弱嗎？

- 「節制」是自我要求，遵守紀律，專心朝目標前進。

　　但是「知道」並不代表能「做到」，比如說我們都知道也會認同「要愛人如己」，但是在許多時候就是做不到，特別是有壓力的關鍵時刻，還是自私自利，在《聖經》裡有句話特別的貼切「立志為善由得我，行出來由不得我」，這是心靈的掙

扎，更是「品格力」的挑戰。

◆ 素質（Being）和體質（Behaving）

「品格」可以拆解為兩部分：「素質」和實踐後的「體質」。前者是說明「是什麼？」，後者是「實踐後所展示的能量和價值」。

首先，我總結個人好品格的「素質」，它就是「美德」，它有哪些重要的內涵呢？我們可以說這是「知道」，它潛藏在人心靈的底層，如果你有信仰，你會認同這是神在你我心靈裡最起先的設計，我們天生都有的素質：

- 誠信：良善，信實，正直，和平，思辨。
- 仁愛：包容，恩慈，良善，溫柔，同理。
- 勇氣：願景，承諾，貢獻，脆弱，分享。
- 謙卑：傾聽，同理，喜樂，饒恕，忍耐。
- 紀律：責任，自律，堅毅，疆界，反思。

要重塑好品格，我們可以有哪些著力點？做出來後會有哪些好「體質」呢？「由知道到行道」是觀察一個人的品格的重要指標，我們以下要引述幾個有關「體質」的一些關鍵詞，這

是行動後所產生的價值：

- **真愛**：溫柔，接納，感恩，關懷，饒恕。
- **溝通**：傾聽，對話，同理，正向，合作。
- **尊重**：謙卑，認同，不同，包容，知足。
- **承諾**：勇氣，明辨，責任，誠實，堅忍。
- **信任**：信心，信賴，節制，耐心，脆弱。
- **覺察**：心思，信仰，疆界，正直，靈活。
- **紀律**：安靜，公平，決定，行動，反思。

對於組織領導人的好品格，除了剛才提到的這些素質和體質外，我們對他們還有更高的期待，有一位領導力專家將以下六個美德列為一個領導人的品格基石：「值得信賴、責任心、關懷、尊重他人、喜愛和平、社會責任」，在不同的組織和不同的情境下，對領導人可能有不同的期待，但是在我們心中的那把尺應該都是相似，差別的只是在它們的優先次序。

◆ 誠信是一切根本

誠信是所有品德的基石，那什麼是誠信呢？它和倫理道德有什麼關係呢？

　　倫理是一個人或是群體對是非善惡的明確標準，它在心思意念的層次，它偏重在「**面對這個情境，我該做什麼？**」這裡包含了我們個人的動機和價值觀，這也是我們常掛在嘴裡的話語和想法；道德是一個人或是群體「表現出來行為」的是非善惡標準，它偏重在「不該做什麼？」所以有「道德的底線」的說法，一個有誠信（Integrity）的人是他所說的（倫理層次）和做的（道德層次）能達成一致，英文說「walk the talk」（觀其言，查其行），「誠信」是領導者能贏得尊敬的基礎。

　　「誠信」更是品格的關鍵要素，我們要如何做到「誠信」呢？我們由誠信的反面詞「不誠信」來解讀它，不誠信也可以說是「假冒偽善」，「懷著錯誤的動機去做正確的事」，我們社會上有許多的「大善人」或是「虛偽的人」，他們的善行是實現個人的企圖（Agenda），基本上逃不過 4G（Glory，Gold，Grip，Girl：名利權色）四個領域。

　　舉個例子，有些人在捐獻時要展示一張大大的假支票或是要將名字刻在紀念碑上…等等。

　　有些品格的能力需要早年建立，比如說：良善，感恩，信實，尊重；年紀漸長，這些能力會慢慢增長：公平，正義，堅毅，勇氣，自律，自制，責任；及至成年，饒恕，貢獻和思辨能力也需要養成。有些靠教導，有些需要親身經歷才能長成。

以下是我某位朋友的一段經歷，一個真誠的人會在生命裡留下如此深刻的軌跡：

我曾經認識一個勇敢的男孩，他的勇氣深深感動我的靈魂。這男孩並非打過仗，也沒有什麼顯赫的社會歷練。但他曾經坐在我面前，用顫抖的雙唇，坦承自己生命中最羞恥的事，並用我這一生見過最誠懇眼神，堅定面對自己所造成的錯誤。他曾勇敢面對傷害自己極深的人，用尊榮的心等候對方、學習饒恕。我總是很好奇，是什麼樣的力量，能讓一個小小的生命釋放如此大的勇氣。

這個男孩讓我明白，一個人能展現最大的勇氣，不是迎向人生的大風大浪，而是願意無畏的面對自己的良知，在愛中戰勝自己。我想，他的生命中，我相信再也沒有什麼不能克服的，他們面對自己良知的態度，深深感動我的靈魂。

自我反思

- 在今年的個人成長目標裡，我最關心的是哪五大人格素質的提升？
- 哪些我認識的人有這些素質？
- 我會如何開展我的發展行動？

我配得上被信任嗎？
反思「品格」（參考樣本）

- 誠信：誠實正直，我說話算話，全力以赴
- 勇氣：承認錯誤，為所當為
- 謙卑：尊重他人
- 展示脆弱：坦誠公開，尋求協助
- 開放：接納不同意見，客觀公正
- 忠誠：不背後批評他人，保守秘密
- 認同也能接納不同意見
- 清楚的自我定位：使命，價值觀，願景

2：總是
1：常常
0：時常有
-1：偶爾有
-2：從來沒有

檢驗：（　　　）你的總體評分

" 企業人的品格特質 "

企業人有不同的面向，承擔不同的角色和責任，需要強化不同的品格，我將企業人分成六種角色類型：領導者，教導者，服務者，管理者，協調者，供應者；它們可能互相重疊，我們在這裡討論的目的是定義不同類型的職能需要何種的人格特質？又需要何種不同的品格？

1. 「領導者」的主要使命是「追求成長，能洞見組織的機會和挑戰，找到明確的方向，帶引團隊邁向成功」。他們需要的人格特質可能是「願景，智慧，大我，大器，仁義，明辨，信任，謹慎，公平，正直，信實，虛己，樹人，謙卑，勇氣，紀律，脆弱，真愛，創意，熱情，

堅忍…」。

2. 「教導者」的主要使命是「傳承和開展智慧，品格與技能，確認企業發展的方向，培育未來需要的人才」。他們需要的人格特質可能是「智慧，學習，虛己，樹人，節制，尊重，忍耐，傾聽，對話，客觀，勤奮，負責，可靠，應變，熱情，衝突，正向，信任，積極，授權，決策，倫理，夥伴，導師…」。

3. 「服務者」的使命是「敏銳於他人的需要，提供自己的專業和時間，樂於幫助他人成功」，他們的人格特質可能是「機警，虛己，樹人，正向，積極，傾聽，慷慨，喜樂，彈性，耐心，謙卑，順服…」。

4. 「管理者」的使命是「依據領導者勾畫出來的願景，努力組織資源，有效達成目標」，他們的人格特質可能是「組織，信任，紀律，自律，簡單，主動，參與，溝通，開放，盡責，謙卑，果斷，決心，忠誠，擔當，堅忍…」。

5. 「協調者」的使命是「具備忠誠與同理心，對於領導者所交代的任務，懂得分析利弊，運用最佳的資源組合達成任務」，他們的人格特質可能是「組織，溝通，專注，敏銳，公正，同理，溫和，尊重，傾聽，善勸，平

等，堅毅…」。

6. 「供應者」的使命是「組織資源，審慎節儉善用資源的能力」，他們需要具備的人格特質可能是「自律，不貪，節儉，正直，知足，守時，慎重，節制，紀律…」。

人如何將內心裡珍藏的好「品德」展現出來呢？這是種生命的選擇，在特殊的情境下，每一個人會有不同的心思意念，包含動機，心態和企圖心，你如何做選擇並將它行出來？凡走過的必留痕跡，它會給人造成價值的衝擊和觀感，以下是幾個選擇的案例：

- 「一將功成萬骨枯」的績效導向主管，還是「虛己，樹人」的教練型領導人？
- 尊重「老傳統，老經驗」還是「創新，創造」？
- 「說完就做完了」還是「說到做到」
- 能堅守承諾，
- 做錯了，敢於認錯道歉，敢於展示脆弱，
- 主動，積極，溫暖，勇於承擔責任。
- 值得信賴，有勇氣，膽識，謙卑，紀律。
- 其他，

領導者的反思

- 請列出組織內的重要職能，如：財務、技術、採購、人資、物流鎮、財務、銷售、生產、法務…等。
- 每一個職能，他們需要哪些特別的品格特質？
- 如何評估他們是否適任？

　　總之，領導者會在大事上讓他人看到「我是誰」，但是在小事上是他人認識「我是怎麼樣的一個人」，對此不可不慎啊！

◆ 關心（Caring）又是什麼？

　　人們不會在意你有多能幹，除非他認同你對他有多在意。

　　我們常說，心在哪裡，哪裡就是我們所關注的焦點，也就是指我們關愛眼神的注視點就是用心經營的重點：一個眼神，一個短信，一段感恩的話語，在心所鏈接的每一個地方，一個溫暖的接觸都會起連漪效應，和心有鏈接，和人有溝通，理解對方的需求，傾聽，同理，常以好奇開放的心態來探詢和接納各種可能的不同，心中常保持親密關係（Intimacy）的距離：

其一是「可以反思而不批判」的距離。其二是「可以感受安全而不疏離」的距離；一個關心你的人，他也敢於說真話，不怕得罪你，因為他心中純真的動機。

在順境中的鼓勵和支持，表現出人的關心和體貼，在逆境中當朋友們都離你遠去時，一個溫暖的鼓勵和支持更是揭示了人的崇高品格；在你需要支持的關鍵時刻，他對於你的關心會超越對於他自己的關心嗎？我們偶爾會不經意的對一個求助的人，可能是你的孩子，說出「我很忙」，意思是「現在，你對我不重要，不在我的優先關心的次序裡」，這是心理上自我導向（Self-Orientation）的解讀。

一個關心我們的人他對我們的反應可以用 3R 來表示：Responsive（有反應），Responsible（負責），Reliable（可靠），而不只是施予口惠的人。

關心有幾個重要的元素和步驟：

- Connect：連結
- Dialogue：對話
- Empathy：同理
- Boundary：界限

　　對於一個人的關心起自於和他的連結，經由對話產生情感的鏈接，能對他或是他的情境產生同理，但是也不會忘記不會跨過你我間的心理疆界；關心是做個支持者，協助他人自己站起來，而不是一個救難者；這是教練的精神。

　　「關心」也可以是來自於「愛他所愛」，這是「關係和同理」，做為父母的人都有這個經驗，對一個成年的孩子表達愛最好的方式，不是開口閉口說我愛你，而是「愛他所愛」，愛他的寵物，為他桌上的小花澆水，接納他的朋友⋯等，他並不在乎你對他說了什麼或是做了什麼，而是他感受到你的用心和關心嗎？在組織裡也是如此，主管能主動的關心員工所關心的人事物，比如說他的家人，未來的職涯發展⋯⋯等。

我配得上被信任嗎？
反思「關心」（參考樣本）

* 探詢他人的需要和感受，並願意予以及時協助
* 願意安靜的傾聽他人說話，有熱情和同理心
* 能釐清期待，不做過度的承諾
* 願意和他人分享
* 在關鍵時刻仍樂於和他人合作
* 有建設性對話和親密關係
* 能及時的讚美他人的能力
* 對他人的成果展現興趣
* 常以好奇心，開放心，接納心，感恩心面對他人

2：總是
1：常常
0：時常有
-1：偶爾有
-2：從來沒有

檢驗：（　　）你的總體評分

◆ 能力（Competence）代表什麼？

在信任的主題下，能力是面對特殊的情境，能處理問題，開創機會的能力，它可以分成硬實力和軟實力：

- 硬實力：天賦才能，專業技能，解決問題的能力，執行力…等。
- 軟實力：知識和經驗，學習力，領導力，組織力，溝通力，創新力，轉型力，應變力…等。
- 另一個角度的觀察，我們可以有 IQ（智慧商數），EQ（情感商數），XD（執行商數），PQ（身體商數），SQ（社交商數），LQ（學習商數），AQ（困境商數），SQ（靈性商數），CQ（跨文化商數）…等幾種能力。

對於一個組織領導者，我們又會期待他有什麼能力呢？

- 願景，價值觀，使命，目標，指標的建設
- 文化：企業文化的建設和持守
- 組織，組織和團隊的建設
- 學習：個人和組織的成長
- 溝通：處理衝突和壓力的能力

- 改變：企業改變和轉型
- 夥伴關係

　　如果再解構到下一個細節，領導者需要有什麼具體可以操作建設的能力呢？以下是一個部分的清單：

　　「傳遞願景，開展未來，溝通能力，企業文化建設，負責，決策力，解決問題能力，執行力，說到做到，能量和時間管理，權力和愛的平衡，智慧，人際關係，衝突管理，壓力管理，學習和更新，改變和革新，創新，情境領導，授權，賦權，激勵，自律，熱情，追求卓越，展示脆弱，管理／領導風格，對話力，傾聽能力，反思能力……等」。

　　一個人如果沒有具備好的能力，在做某些事情時還是無法贏得對方的信任；這好似一個年輕人剛考取駕駛執照，還沒有開上高速公路的經驗，有一天他開口和爸爸借車要到外地和他的朋友一起旅遊，你會安心的將車子借給他嗎？在組織內的新任或是空降主管，你敢在一開始就完全放手讓他們做一個大的專案嗎？

　　在本書裡，我們將「做事的硬實力」放在能力部分，但是將「帶人做人的軟實力」則歸類到品格內涵，以便有所區隔。

我配得上被信任嗎？
反思「能力」（參考樣本）

* 工作績效：努力進取
* 解決問題的能力
* 學習新技能的能力
* 努力將事情做得最好的態度
* 累積經驗的能力
* 運用專業幫助他人
* 轉化知識和經驗的能力
* 面對困境的能力

2：總是
1：常常
0：時常有
-1：偶爾有
-2：從來沒有

檢驗：（　　　）你的總體評分

如何適當有效的使用這些能力，它的驅動力來自品格而不是能力本身。

◆ 承諾（Commitment）是什麼？

承諾是有清楚的目標和行動計畫，雙方有合理的期待，這裡的承諾不是「盡力而為」而是在關鍵時刻「使命必達」，是一種主動溝通「零驚嚇（no surprise）」的默契，是有企圖心，有紀律，言行一致，甚至於超越期待的可能，也是一種「你做事，我放心」的感受，這是「靠得住（accountable）」的信心。

「美國鋁業」公司因為經營績效不佳，董事會在 1987 年時宣布撤換經營團隊，新任 CEO 來自退休的政府官員保羅‧歐尼爾（Paul O'Neill），大家那時都不看好，特別是他上台後

我配得上被信任嗎？
反思「承諾」（參考樣本）

* 完成承諾的企圖心
* 說到做到，敢於面對現實
* 表現超越期待
* 準時，有紀律，勇於承擔責任
* 主動溝通回應，No Surprise（零意外）
* 有組織能力
* 有下一步中長期的持續計劃
* 可以找到自己的意義指標

2：總是
1：常常
0：時常有
-1：偶爾有
-2：從來沒有

檢驗：（　　　）你的總體評分

宣布的第一個轉型策略是「勞工安全」，設立一個零工傷的目標，這讓華爾街投資者非常的失望，可是在十年後，這間公司的轉型經營成為哈佛的經典案例，事後歐尼爾說：「要找到員工願意致力的大使命，願意全力以赴，培養一個可以建立信任的著力點」，他由專注一件大家認為的小事「公共安全」（員工可認為這是大事），擴大漣漪效應，成就了企業的轉型。他最感動我的一句話是「為了零工傷這個目標，我毫不妥協，如果你看到任何一個人違背這個承諾，這是我的手機，任何人任何時間都歡迎打電話給我」，這是承諾。

◆ 信譽（Credit）

一個人對於他人的信譽度來自於幾個方面的累積，我用「2C + 3R」來介紹它：

2C 是 Consistency（持續性）和 Congruence（一致性），
3R 是 Responsible（負責），Reliable（可靠），Responsive
（反應）；再來就是時間的考驗，信譽專注的是持續性和一致
性，在面對困難的環境和壓力時，如何能堅持，使命必達？他
的品質如何？做人（品格）和做事（能力），關心和承諾度，
他有說到做到嗎？這正是在考驗一個人的信任品質：他靠得住
嗎？

我來說一段自己親身經歷過的故事：我有一部 15 年的老爺
車，過去一直運轉順利，雖然還是有小打小修，但是還算是可
以接受的「保養」範圍。

最近有朋友來訪，要去機場接機，決定開這部車前往，要
先去加油，沒想到加完油後，就啟動不了了，只好求救，在這
「關鍵時刻」我決定放棄使用這部車去接機的想法，它在平時
很好，但是在關鍵時刻時就「靠不住」了。

許多人在平時表現優秀，但是在面對壓力或是「關鍵時刻」
時就「靠不住」了，這是領導力的「壓力測試」，它的目的就是
測試領導人的「堅持」和「一致」，能通過這些「極境測試」
的關口，領導力就再度被提升了。

這也是為什麼我們在信任一個人前，還要再查驗他過去的

我配得上被信任嗎？ 反思「信譽」(參考樣本)	
· 一致性：做人	
· 一致性：做事	2：總是
· 一致性：時間的檢驗	1：常常
· 一致性：可預測績效	0：時常有
· 一致性：持續性承諾	-1：偶爾有
· 你可以信靠我的承諾	-2：從來沒有
	檢驗：(　　　) 你的總體評分

行為對你是否「靠得住」。

" 你信得過嗎？ 如何評估信任 "

在每一個關鍵時刻，我們常會問自己，這件事我可以請誰來幫忙？我們會開始一連串的自我對話，心理所想的，就是這些關鍵問題：

- 他的品格，我信得過嗎？
- 他做事的能力，我信得過嗎？
- 他對我的關心，我信得過嗎？
- 他的承諾，我信得過嗎？
- 他的品質，我信得過嗎？

在回答這個問題以前，我們自己要先來定義幾個要點：

- 我面對的情境是什麼？我要解決的問題是什麼？
- 我期望他人能給我什麼協助？
- 完成這個任務，需要有哪些特殊的素質？包含人格，做事的能力。
- 如何找到對我這個問題特別有專長而且關心有興趣的人來幫我忙？他個人的信譽如何？自己心裡要有個底，這是期望值。
- 找到合適的可能對象後，我再來問問他是否有空，願意幫我這個忙？取得他的承諾。

舉個例子，我家車齡 15 年的老休旅車最近老是出毛病，我有兩個選擇，要嘛捐給慈善機構，要嘛找個能手來修理，繼續用。我的孩子建議還是修理一下，它還是有價值，特別是載一些家具或是高而重的物件，他建議不是去傳統的修車廠，而是找到一位年輕任職修車廠的朋友，他個人對有問題的車子特別有興趣，也非常的熱心助人，我和太太就開始談他是否是一個合適的人選來處理我們車子的問題，我們將上面的五個反思問卷「你配得被信任嗎？」改成「我信得過他嗎？」這是我們的

紀錄：

修車的信任度評估

品格	修車能力	關心	承諾	信譽	總和
+1	+1	+2	+1	0	+5

最後，我們決定使用這個年輕人的服務，這是我們能承擔得起的風險。

在你我心中有一把尺，我們會在關鍵時刻決定如何使用它？該採取什麼方式讓我們覺得有平安，這是兩個可能的指標：

1. 契約：我們需要契約嗎？哪一種契約？只是陳述雙方所同意的事項，將它更明白的說清楚呢？這是隱含式的契約，還是存在有賠償罰款的條文？這是一個信任指標。

2. 使用「權力權威」和「愛心」的尺度：對於一個信任基礎較為薄弱的人，他會偏重在「權力或是權威」的使用，或是強制要對方遵守「合約」內的條文承諾，而不是大家坐下來，談談我的需求和你的困難，我們如何一起來解決共同面對的問題？

" 信任的強化因子 "

以上我們關注的是「建設因子」，它們的特色是認同，它們都必須具備才能建立「信任」，以下我們要談一些不見得必須具備，但是如果能具備，那會更強化信任的基礎，它們可能都不同，但是為「信任」加分的效果是一樣的。

第一個要談的是「**對多元文化的認同**」，在上一章我們有提到原名為「磨合」（Flex，中文版書名為《新型職場》）這本書，在今日面對多元文化，種族，性別，宗教，地域，教育，關係社群網絡…等等的不同，我們如何建立一個高度信任的全球化團隊？在不同的領域裡如何來縮短鴻溝建立信任，又如何在相近的領域裡成為一個強化的信任力量呢？它有幾個關鍵能力：Awareness（感知力），Acknowledgement（理解力），Acceptance（接納心），Adaption（適應力），Leverage（利用優勢），Optimization（優化力），這些能力在在的需要學習和磨練，要能喚醒直覺，才能感動他人，成就信任。

第二個因子是「**對個性上差異的接納**」，我在第三章裡談了 MBTI（個性）和 DISC（領導風格）的不同，如果我們也能用上面的幾個能力，那將會力上加力，能轉化為互相欣賞和

吸引的動力，氣質魅力和領導風格就是例子。

第三是**高尚的品格**。對於教練，我們常會提及幾個特殊而且重要的個人能力，它將會幫助我們大大的突出，它們是勇氣，謙卑，紀律，坦誠，這幾個人格特質如何著力呢？我們來理解它的定義：

- 勇氣是「為所當為，當仁不讓」。
- 謙卑是「願意放下自己的權利和權力」。
- 紀律是「為所當為，臨危不亂」。
- 坦誠是「敢於面對自己的軟弱，需求外來的協助」。

第四是**面對極境的考驗**。我們常會問自己，是什麼原因會強化我們信任的強度？答案很簡單，就是共同面對困境，共同努力開創，共同走出困境。是「極境」能夠幫助我們強化信任，它可能是壓力或是外來的誘惑，我們在第一章提到，信任是「涉及兩種不斷變化，但是又是互相對立的慾望（期待）間的平衡，既希望他人能滿足你個人的慾望（期待），又希望自己能滿足別人對你的慾望（期待）」，它是一個動態平衡，它可能會在「一念之間」改變心意。

　　美國最精銳的海豹部隊（SEAL）專業培訓的能力中，除了專注力，意志力，直覺，攻勢之外，建立團隊成員間的信任最是重要，在每次的攻堅行動中，互相的信任是最重要成功的要素。

　　有一位非常傑出的 NFL（美式職業足球）教練鄧吉，他訓練球隊除了改變戰術，戰略，激勵機制，改變每一個人的行為外，最重要的還是建立團隊的信任，沒有信任就沒有團隊，戰術策略也就沒有價值。

　　那要如何強化信任呢？有些能力可以靠知識來獲取，由不知到知道，好似知道什麼是「信任」，但是在關鍵時刻能平衡自己的需要和他人的利益，做一個「信任 - 共好」的選擇，由知道信任到做到信任，這是一段非常遙遠的距離，簡單但是不容易做到，建立「信任」的能量需要經歷它，特別是在「極境」。

　　在面對困難或是壓力時，我們的心裡是怎麼想的？獨自努力靠自己，還是選擇和他人合作，合力共創？在面對誘惑時，你會如何盤算？反正沒有人看到或是知道，做了又如何？獨吞或是坦誠？我們看到許多人在這些考驗裡失敗了，在第一章裡的叛將案例，不是被誘惑吞噬了，就是被個人的私利或是機會打敗了，在創業階段，有些人耐不住前兩年的辛苦，半途而退，他們對人，對組織沒有信任；相反的，能夠一起走過來的人們，他

	差　　　　品格　　　　好
高 績 效	極境考驗　　加速提升
低	不適人才　　引導發展

們有共同的革命情感，他們中間的合作默契會更強化，信任的根據會更深沉，承諾的事，在越困難的時候越需要做到！這會更有機會讓我們獲得信任。

在我家的後院有一片竹林，為了不讓竹子的竄根伸展到花圃來，我們鑿了一條深壕溝，在溝裡加進隔板，之後才開始除去花圃裡的竄根，第一次無法完全根除，因為根部深埋在泥土底部不容易完全找出來，直到有一天下雨了，那些竹節也就冒出新芽，我們就輕易的找到那些竄根予以清除；這竄根的新芽好似人們內心的渴望和需求，在平日沒有什麼特別的行為，可是面對極境時可能會有不同的表現，這極境可能是試探誘惑壓力責任或是困難，這就好似雨水之於埋在地底下竹根的誘惑，

極境的考驗

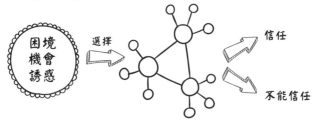

這是「**極境試煉**」。

在組織裡也常常會面對許多極境考驗的情境，我來舉出一個最經典的案例，也是企業由「A 到 A+」必經之路。這個案例大家都不陌生，因為這是員工心裡所關心的，也是主管們最具挑戰性的一個課題。

在組織裡有各式各樣的人才，在這個案例裡，我們以品格和績效來作為考驗的指標：

- 好品格高績效的人：組織會加速提升，這是英明主管該做的事。

- 好品格低績效的人：主管要考慮是否放錯位置需要給予引導，還是缺少培訓和發展，我們會再給他一個機會。

- 品格差績效低的人：這也容易處理，他並不合適在這個組織裡任職。

- 品格差績效高的人：這對於組織領導人是個極境考驗，這個員工的品格個性和組織的文化價值格格不入，是顆未爆彈，有人說「好好管理就不會是問題」，這是真的嗎？如果由對方的角度來看，也是真的嗎？一個人老是被主管「盯著看」，你會覺得怎樣？他心裡會想

「我績效這麼好，為什麼老闆不提升我做主管呢？我不被信任，這裡不是我的家。」可能的結局呢？不是有企圖心的投奔敵營就是帶槍投靠，這對企業的傷害更大。面對這樣的員工，你將會如何處理呢？這對員工是一個觀察企業文化的關鍵時刻，主管是否說到做到？主管的決策會帶來更大對文化和信任正向或是負向的衝擊。

" 信任的果實 "

一個被信任的人和路人甲路人乙有什麼區別呢？一個在組織裡被信任的員工會有什麼不同的表現呢？我常常喜歡問學員：「被信任的感覺如何？」，他們第一個答案就寫在臉上，一個愉悅的笑容，然後才開始自己的思考和總結，內容洋洋灑灑一大列，寫也寫不完，我們可以容易的看到這些標誌性的訊息：

「自由自在，喜樂，敢於冒風險，敢於說出自己心裡的話，認同也敢于不同，更多建設性的對話，不怕受傷害，願意承擔責任和壓力，很多新點子，安全，敢於選擇，敢於做決定，不

怕犯錯，願意和他人合作分享，有活力，被心理釋放不再有壓力，潛力無限，看到未來，看到不同的可能，被接納也接納人，被尊重也尊重人，極境，正向，願意和他人鏈接，願意付出和犧牲，由盡力而為到使命必達……，等等」我一時也寫不完，這就是信任最好的獎賞，不需要再額外給金錢的激勵，這也是今天管理型的主管還沒有完全開展出來的潛能，我們接下來就來深入的談談，如何讓「信任」成為企業最重要的競爭力，國家最重要的社會資本。

◆ 信任催化劑（The speed of trust）

在前面我們提到信任的建立需要有兩種因子，建設因子和強化因子，建設因子本身也是信任的持續因子（sustaining factors）， 強化因子也是另一種的激勵因子（motivational factors）。

有個我們常常面對的挑戰是：在組織裡如何幫助新人加速融入團隊呢？如何加速他和其他團隊成員間的信任？這是一個非常有挑戰性的問題。

信任的兩個因子還是我們要著力的重點，建設因子的建立需要花點時間，人與人間的信任建立可以分成淺層信任和深層信任，這在本書最後一章會有更深入的探討。

　　對於一個新人，主管能幫助這位新員工加速建立他和團隊成員間的淺層信任，比如介紹這位新員工的許多優點，比如說「他來自哪裡？過去的工作經歷如何？為什麼我們決定用他？他有什麼優點？對組織會有什麼貢獻？在面試過程中，這位員工給你最深刻的印象是什麼？」這間接的會涵蓋 5C 的主軸，加速被接納和尊重；對於新員工，可以加速的是在「強化因子」或是「激勵因子」，它的內涵會因團隊的需要，情境，地區而會有不同，最重要的是找到那「共鳴點（resonant point）」或是「感動點（touch point）」，能和團隊成員的核心價值有共鳴的主題，它可能是「家庭背景（農人，公務員，軍人…），種族（客家，閩南人，四川人，少數民族 ...），出生地，性別，年紀，專業，教育背景（學校），宗教信仰（基督教，佛教…），生活習慣（早起，喝茶或是咖啡，素食…），特殊興趣或是嗜好（騎自行車，爬山，旅遊…），婚姻狀況，寵物愛好（狗，貓…）……。」

　　其次，它也可能來自個性間不同的欣賞或是相同的「英雄惜英雄」，一個內向的人，可能和內向的人有溫暖的感覺，可是另一個內向的人就是不喜歡自己的內向，特別喜歡和比較外向的人合作，這都有可能；在一個人孤立無援的時候，一個小小「關愛」的眼神或是舉動會激起大大的漣漪，這也是淺層信任的

強力催化劑；我們這個主題最重要的的內容，就是「感動點」或是「共鳴點」，也可以叫「投緣」，一個愛花草的人，聽到對方是個「綠手指」的人，耳朵會馬上傾聽，身體會往對方傾斜，雙腳會往對方移動；一個愛大型機車的人，每週會在部落格找幾個有共同嗜好的人，一起郊遊野餐，管他認不認識，就是投緣嘛，見面不就熟了？其實，這是成功銷售人員的看家本領之一，在銷售術上，我們稱它為「找出相關點（relating）」，你是哪裡人？哪個學校畢業的？哪一年次的？去過哪裡玩？孩子多大了？⋯⋯總之，就是要找出那共同點，找出話題，找到感動點和共鳴點，建立淺層信任，才有機會再往前走。

最後一個強力淺層信任催化劑是外來的壓力，當一個組織社會或是國家面對外來的敵人時，大家會放下自己的立場「共赴國難」，我們有過「十萬青年十萬軍」的歷史，我們身邊許多可歌可泣的愛情故事不是也是如此開展的嗎？

" 在團隊裡如何建立信任 "

基於以上所說的信任模型和實踐，我們如何轉化為企業組織裡的應用？這也是今日社會急需的解決方案。

如何建立團隊信任？

能力
Competence

承諾
Commitment

信譽

文化
Culture

相關
Connect

情感連結
Emotional Engagement
領導和管理風格，企業價值觀

　　基本上這還是與人與人間的信任模型相似，團隊是眾人的集合，所以是一對一（我和你）的多數（我和我們）集合，我們用一個員工或是外部投資者的角度來觀察來探尋：「我信得過這家企業嗎？」

　　它的基礎建立在一個人和組織的情感連結，它建基於許多的因素，最為關鍵的是各階層主管的領導力，組織管理制度的設計和企業的價值觀，我們耳熟能詳的說法是「人才會願意加入有美譽度的企業，但是會因為和直屬主管合不來而離開」，這是領導力；在員工個人的關鍵時刻，組織的文化是任務優先還

是員工個人的關鍵因素優先？有次我家附近地區全面性失火，我正好在歐洲出差，老總馬上要我取消所有的行程，馬上啟程回家，這是組織的價值觀極致的展現，這件事讓我深受感動；有些企業談客戶優先，但是有些企業則是「員工優先，客戶其次」，對於這類不同的企業，你會有什麼感受呢？

組織的價值觀是企業文化的一環，它還包含了企業的使命，願景和管理領導文化，我認同嗎？它組織的文化是「內部競爭」還是「合作共創，資源分享」型？它的績效是 KPI 數字化的檢驗，還是有人性化的展現？它是「員工第一」還是「客戶第一」甚至是「投資者」第一？對於一個員工，我信任這家公司的高層主管嗎？我在這家企業我有未來嗎？對於一個外部的投資者，我信任這家企業嗎？領導階層誠信正直嗎？

在「關心」上，當然還是有所謂的「關愛的眼神」，但這不再是最重要的，對於員工和投資者，他們所關心的是「這個企業和我相關嗎？我關心這個企業和它所在的行業嗎？我願意投入嗎？」，這是和自我的對話，再來就是和同事一對一，團隊和組織間一對多的連接和溝通，這是團隊合作的基礎，更是應變力的基石。

在能力上，它代表這企業或是組織的核心能力，企業的學習力，轉型力和靈活力如何？它能面對競爭嗎？

在「承諾」上，就是指企業的策略目標，資金的投入，人才的發展，在在展示出它對未來發展的承諾。

最後談到「信譽」，它不只是「美譽度」，而是「說話算話」，比如說有許多企業都認為自己是個「社會型企業」，但是它只是網站上的一個標語或是名稱，沒有看到實際的策略行動或是資金和人力的投入，當我們選擇「信任」一個品牌時，不在盲目追隨，而是省察自己有否說到做到，這才能建立企業的信譽，強化企業內外的信任度。

◆ 團隊信任的建造

我們曾在第三章裡談到團隊的建造，它要經歷最重要的關卡是「衝擊期」，當員工敢於突破音障，表達自己的意見，縱使它和主管的意見不同，也敢於私下或是公開的場合發言，這是對自己對主管和對團隊的信任，才有機會承擔責任，說到做到。

但是如何做到呢？這對於做主管的人也是一個挑戰，他需要先為團隊建設一個安全的疆界，讓員工能自由的發展發揮，贏得信任。這個疆界有幾個特質，這是主管和領導人要做的功課，它可以高層做，更可以開放讓關鍵員工參與：

第一是**企業的使命，願景和目標的設定**：對個人來說，這就是「我是誰」的個人身份證，企業也需要有清楚的身份和定位，我們是誰？我們看到什麼機會？（願景），我們的目標是什麼？

第二是**建立一個好的企業文化**，包含價值觀，管理和領導**氛圍的堅持**，這會讓員工感到被激勵。

第三就是有**清楚的職掌分工**，了解「我的角色和責任是什麼？」我才能夠做自我管理和領導。

最後一個主題就是**組織對我個人和團隊的績效和期待是什麼？**這是員工會將精神投入的大方向。

當這些主題確定之後，員工就可以放心的在這個範圍內發展他們自己的能力了，這個時候，教練式領導力可以開始發光，信任的基礎就會在每一次的磨合裡，對失敗的體驗裡，在和他人的互動裡，慢慢建立。

◆ 信任，授權，賦能（Trust，Delegation，Empowerment）

在談領導力時，我們不能不提授權和賦能，它們不像「正直的品格」都是好的，授權卻不一定都是好的，而是要針對「對的人在對的情境做對的選擇」，特別是只授權給「信得過」的人，

組織信任疆界
企業使命願景目標
企業人才、組織、職堂
自由飛翔
高度信任
創新天堂
企業績效和期待
企業文化氛圍

授權給「值得信任」的人，授權給錯的人或是給不信任的人，將是一場大災難，我們看到過叛將，貪官，內賊的各種失敗案例，這個次序不能夠顛倒，不能在主管授權後，才要求「請你信任我」，這是主管的錯，這是「識人不明」；有信任基礎後，我們才可以和員工或是夥伴有這樣的對話：

1. 在組織分工裡，你的責任和角色是什麼？你的計畫是什麼？哪些部分你可以自己處理不需要我的參與（這是授權），哪些地方需要我更多的參與和協助？
2. 再來看看我這個做主管的責任，那些你可以幫我忙的，我可以請你參與？

身為一個領導人在授權以前，我們會先有具體的目標，才能依據 5C 找到最合適的人才，也是你「信得過的人」，徵詢他們的意願和承諾後，再給予資源和裝備，這是賦能，最後才是陪伴他們一起完成任務。

◆ 由磨合到投入

　　過去有許多的企業熱衷於「員工的滿意度」調查，我們最近看到更多的企業轉向「員工的投入度」調查，員工的滿意度是員工對工作環境的滿足感，它常會以員工個人的「期待 - 獲得」評比來衡量；但是高投入的員工則不相同，他們積極的尋求可以參與貢獻的機會和平台，是以「給予 - 貢獻」作為指標，這個需要高度的信任文化作為支撐和激勵。

　　如何建立一個讓員工願意高投入的組織和工作環境呢？它包含兩組的因素：基礎建設因素（sustaining factors）和激勵成長因素（motivational factors），我稱它為「M&M 模型」。

員工投入度 M & M 模型

Sustaining Factor

Great Company
好企業：美譽
Corp. Setting (Culture)

Great Working Place
好團隊：工作氛圍
Team Setting (sub-culture)

Great Rewards & Future
好制度：公平正直
Performance , Reward
System & Career Road Map

Motivational Factors

Great Leadership
好領導
Organizational Leadership

Great Job
好機會
Self-leadership

「員工投入度」也就是員工對企業的信任指標，這包含了：

1. Culture&Credit：企業的美譽度.
2. Chemistry: 團隊的工作氛圍：我們說要能融入，個性要和團隊主管以及成員間的次文化對味。
3. Commitment：企業的薪資福利和升遷系統的公正公平.
4. Competence：組織的領導和管理制度和領導人是否能贏得尊重，這是組織軟實力。
5. Chance：最後就是員工的自我評鑑了：這對我個人是一個好的工作和未來發展機會嗎？

一個好的員工會因為企業的美譽度而加入，但是會因為和直屬主管的個人風格或是團隊成員間的不「對味」（Chemistry）而離開，企業留才的基石也就建立在每一位主管身上。

" 主管該如何贏得信任？ "

本章我們談了許多理論和案例，對此我們最後來做一個簡

單的總結，才有實踐的可能：

說到做到，不打高空，這是最重要的；及時的分享必要的資訊，並解釋說「是什麼，為什麼，該做什麼？」；願意安靜下來傾聽員工的看法才下結論；在必要時，給予及時的援手；自我要求嚴謹，以身作則也贏得尊重；敢於展示自己的脆弱，尋求協助；真誠領導，不做作；敢於面對衝突，做關鍵對話尋求共識；建設一個氛圍，讓員工願意積極熱情的投入。

RAA 時間：反思，轉化，行動

- 我信任我自己嗎？（我說到做到）
- 我值得信任嗎？（家人，死黨朋友）
- 我值得信任嗎？（我的屬下，老闆）
- 我要如何強化我給人的信任？哪些是著力點？

5 章

破冰之旅：如何重建信任？

暖一顆心需要好久好久的時間，但是涼一顆心
則在一瞬之間。
在受傷後，選擇原諒一個人是容易的，但是再
次的信任，就不是那麼容易了。

TRUST IS THE KEY
TO **MOVE FORWARD**

" 一封父親的信 "

Dear John，

我感受到我們中間存在有一堵高高的牆，爸媽無法坦誠的和你溝通，有些話不能說也不敢說，怕傷害到你的情緒，也傷害我們間的關係，媽媽常常心理有壓力，是否是我們做錯了事，讓你無法信任我們，你有這個感覺嗎？你願意和我們一起努力，讓這高牆倒下嗎？你願意讓我們間的關係更健康，更有信任感，爸爸決定用勇氣站起來，將它說出來，希望我們能合力來面對，讓我們有勇氣來重建信任，好嗎？在這改變的過程中，可能會有 " 痛 "，你願意一起來承受嗎？讓我們的家更有愛！坦誠的無條件的愛！神國的愛！

愛你的爸爸

以上是一位父親寫給一位年輕孩子的信，你在家裡，在工作場所是否也有這份的感受和呼喊？常常呼喊：「神呀，幫助我讓那高牆倒下！」

" 不信任的果子 "

「信任是在面對不確定的情境下，我選擇不再掌控對方，而讓他能自主的，完整的，有空間的來完成任務，來滿足我對他的期望。」

不信任的環境所造成的氛圍，它所結出的果子會有：恐懼，憂慮，懷疑，拒絕，不情願，不安全，壓力，抵抗，容易被冒犯，衝突，不願分享，過度關心，過度自我保護，懷疑他人的動機，不遵守承諾…等等，我們在上一章提到的信任的果實，它的反面副作用全部會出現。

讓我們再來重述信任的果實是什麼？

「自由自在，喜樂，敢於冒風險，敢於說出自己心裡的話，認同也敢於不同，更多建設性的對話，不怕受傷害，願意承擔責任和壓力，很多新點子，安全，敢於選擇，敢於做決定，不怕犯錯，願意和他人合作分享，有活力，被心理釋放不再有壓力，潛力無限，看到未來，看到不同的可能，被接納也接納人，被尊重也尊重人，極境，正向，願意和他人鏈接，願意付出和犧牲，由「盡力而為到使命必達…等」提到它們的反面效應，那會是一個多麼驚悚、多麼危機四伏的組織？

" 信任的過程 "

信任不是單向的給予，而是雙方的合力共建，它需要靠自己的努力來贏得，信任是建立在一個大家對健康，常態，誠實，合作行為的期待，它有一個隱形的「疆界」，那就是認同的倫理價值觀，運作的規範和角色以及責任，這是一個安全的場域，在這個基礎上，才能啟動建立信任需要的互動過程，有人說它還是個冒險的過程，因為信任的回報是不確定的，但是被辜負的心理傷痛是馬上可見的，需要有一方願意先付出信任，如果對方（接受方）感受到強烈的責任感，並激發出承擔義務的正面反應，同時也促使自己付出信任，這就完成一個信任的正向循環。

在組織裡，有權力的人，有能力付出的人，不怕受傷害的人要先付出信任，才能啟動信任的正循環，它是一對一個別進行的，它也會互相感染互相強化，成為團隊或是企業的信任文化，這也是我們在員工投入度章節裡所討論的，我們非常的重視「團隊內的工作氛圍」和企業內部的「公平和公正」，這些都是信任的沃土，是滋長信任的強化劑。依據「亞倫巴赫研究中心」（Allen Bacher Studies）的報告，一個高信任度的組織裡，員工的全勤記錄是低信任度團隊的兩倍，共同完成專案的

速度和品質是低信任團隊的 2.5 倍。

我們在上一章談到授權和賦權，信任是其最基本的要件，如果你信不過這個人，那授權後會是一場大災難；信任也有疆界，會因為場域時間事件而會有不同，如果你是保全人員，你不可能請託一位有偷竊前科的朋友幫你看管金錢；2015 年初，一家台灣的高科技企業抓出內賊，利用採購之便和親人掛鉤做白手套，大挖公司的資材就是一例。

" 信任的破裂 "

「建立信任需要長的時間，需要一磚一瓦的建立，但是毀壞信任就在一念之間」，信任不在「知道」而在「行道」，是不斷的體驗後理性的決定，當一方對他人所付出給你的信任不再承擔道德義務而作正面的互惠反應時，當一方對自己所作的承諾不再願意遵守時，當一方沒有能力履行自己的承諾，因為自己過度承諾或是對方期待太高時，我們說這是信任破裂的開端，心中開始產生懷疑或是壓力，開始不再信任自己或是對方。

如果你不再信任對方，你就會看到對方許多不值得信任的行為，你會直覺的認定他不符合你的期待，「一旦你不再信任別人，你就可能遇不到值得信任的人」，這一章，我們就來談，

如何破解並且走出這個迷思。

" 囚犯的困境 "

　　這是一個非常著名的實驗，由蘭德公司博弈論者佛洛德（Merrill Flood）和德雷希爾（Melvin Dresher）共同設計的，後來由數學家艾伯特・塔克（Albert Tucker）命名。它清楚的闡述了「忠誠守信」如何比單純的利己主義帶來更多的好處，但是它必須是在「我們」團隊的角度來考量的，信任最大的風險就在於徘徊於「我個人利益的最佳化」和「我們利益的最佳化」間。

　　我來簡單述說一下什麼是「囚犯的困境」的遊戲：假設兩個學生在學校裡共同協作舞弊，但是並沒有明確的證據他們個別做了些什麼；校方就個別給他們兩個同樣的選擇，如果告發對方，自己會被減刑只關一天，如果不說，關兩天，如果對方說自己不說，則是關四天，那你會做什麼選擇？

　　如果只從自己的最佳利益著眼，當然就是背叛說出來，因為這只關一天，但是如果由雙方的共同利益著眼，什麼是最好的選擇呢？我們來看看這個圖表。

乙＼甲	信任	背叛
信任	2 ＼ 2	1 ＼ 4
背叛	4 ＼ 1	3 ＼ 3

◆ 組織裡的應用

　　當在現實社會或是組織裡選擇互相信任和互不信任之間有更大差距的結局時，我們同時也將部分的懲罰改換成為激勵，比如說「不信任 / 不信任」的結局（激勵）是 0/0，「信任 / 信任」的結局（激勵）是 10/10，相對的對於「背叛 / 信任」或是「信任 / 背叛」的結局要有更嚴厲的懲罰（20/0，0/20），人們的最佳選擇就會更趨於理性，不會有投機分子而不會各自為政，只追求自己的 KPI 達成，而不關心團隊的績效了，這是組織**「激勵機制設計」**（design to change）的課題，這也是團隊建設必要之善和惡。

　　當然，對於團隊建設的最佳答案就是互相信任，那如何建立信任？如何在信任危機時，能挽回信任？

　　在囚犯困境的實驗時，他們發現當面對可能的信任破裂，但是還希望能重建信任關係時，該怎麼辦？結論是：**要敢於面對衝突處理衝突和開啟「關鍵對話」**（crucial conversation），

這才是答案。

　　至於要如何處理衝突呢？它有幾種的選擇：

1. 一報還一報 （Tit for Tat） 型：立即的「正面反應」

　　你先以信任和合作的態度伸出溫暖的手，一旦對方也熱情以待，給予正面的回應，那會強化你的動機，繼續付出信任，如此，雙方面都會獲得最多的利益；但是如果對方不買賬，給你冷眼，辜負你的期望，那你自然會變成一個失望者，減少或是停止付出信任，但是在一段時間之後，你如果再重新開始付出信任，這將是另一個回合互動關係的開始，如果對方還是「沒有反應」，你就會停止這個嘗試了；這個互動過程中沒有對錯，這是個人的選擇。

　　第二次成功的機會會比第一次高，一個投資者告訴我，投資在曾經失敗過的創業者風險相對的低，他們經歷過失敗，也比較珍惜投資者給予的信任和機會。

　　有個上班族的夫妻如何在家裡分工呢？妻子先出一個想法：「我負責煮飯，你負責飯後的善後」，這是個好主意，前兩天大家分工合作愉快；到第三天，太太看到先生沒有按照承諾將當天的碗盤洗好，她耐心的對先生說「待你將碗盤洗好了，我再煮飯，否則我們就叫 Pizza 來吃」，繼續吃了幾天的 Pizza，

先生受不了求饒了，乖乖的將碗盤洗好，太太再重新下廚，雙方遵守承諾，再出發。

「一報還一報」的精神是不當爛好人，而是有一個暫停點，當有一方破壞信任關係而偏離信任的疆界時，必須暫停，讓對方回到「有意識的狀態」，重新釐清他所作的承諾，這是一個正向的喚醒，在建立信任時，是個強化的行為。但是也不是無限制的循環，它有它的信任疆界，有人說兩次，最多能容忍到三次，超過三次，如果還是在那裡循環打轉，那這就無效了。

我們再深入觀察這個策略的缺失，它只專注在行為的改變，在我們所說的5C模型裡，還是偏重在「關心」，「承諾」，「信譽」或是「能力」的行為面，它還是沒有達到「品格」的層級，我們需要再晉升，有些信任的破壞，單靠行為的改變還是無法贏回。

2. 饒恕型

「認罪，悔改，歸正」是《聖經》裡的道理，這是尋求饒恕必要的因素，要先自己認罪（錯），要自己誠心悔改，並且承諾走上正道，時間將證明你是否值得再被信任。我們來觀察一個歷史案例：

第二次世界大戰後，德國向他所佔領的國家道歉賠償，很快速的消弭了民族的仇恨和創傷，德國在歐盟裡又是舉足輕重，參與並扮演重要的角色，也受人尊敬。但是反觀日本，他們拒絕承認錯誤和道歉，時間已經過了超過 70 年了，他們和鄰國（特別是中國和韓國）的關係還是非常的緊張，隨時有爆發衝突的可能，如何化解這信任危機？使用「一報還一報」的手段是不可行的，這涉及國家和人民的品德層面，需要的是另一個方式：我們稱它為饒恕型的重建，它有五個關鍵因素：

- **道歉**：自我的覺察（Self awareness）並願意「開啟」（Activate）一場關鍵對話。我們待會會詳細說明，如何預備，如何開展對話，它需要涵蓋那些內容，態度和行為又該如何預備？不只道歉的言辭要具體，更重要的是態度要懇切，尋求原諒。

- **請求對方的饒恕**：喪失信任的原因大都不是因為「冒風險」的結果，而是因為「品格」，它需要靠組織裡的饒恕文化才能和解，主管也要能支持或是鼓勵饒恕的行為，在組織內最佳饒恕的行為表現是「向對方承認我也有責任」，而不是單方面的指責，其次是接納對方的饒恕請求，最具體的實踐就是相互的擁抱。

- **做出改變的承諾**：作出承諾，你要如何「悔改—捨棄」？如何歸回正途？那又是什麼？你的具體行動是什麼？
- **採取行動和評估指標**：開始採取行動，讓對方感受到你的進展，並且有具體的指標來評估你是否有說到做到，而不是打馬虎眼。
- **有時間表有追蹤**：確定的時間表是最好的衡量，你有否改變？做到說到的沒？時間到了，請求饒恕方最好能請求對方做一個評估，如此這個案子才能算真正的放下。

在使用這個策略時，有個先決條件是「當你道歉時，對方要能接受」，雙方要能有和解的共識，這才會有正向循環，達成重建信任的效益，否則道歉的人反而會受到傷害。

3. 接納型

這是天下父母對他們的孩子和神對他的子民無條件的愛，是無條件的信任，但是並不是就不觸及「信任」的對話，在這個情境下「愛」遮掩所有「不信任」的因子，這是家庭或是宗教團體的特色，只是我建議還是要開啟關鍵對話，將那些可能

傷害信任的因素共同合力釐清，在信任的基礎上，愛更能真誠和完全。讓我們討論以下兩個案例，你的看法如何呢？

1. 對於離職員工的「鮭魚返鄉」再回鍋之舉，你公司的規矩是什麼？你個人認為合理的策略是什麼？不給機會，一次，二次，還是更多次，來去自如？

2. 對於名人吸毒，企業賄賂，官員貪腐…等事件，你會做何感想？

" 知道，但是做不到：該怎麼辦？ "

當我們失去信任時，心中是無限的懊悔，理智告訴我們必須要及時修補，但是我們常常又被卡在「知道，但是做不到」的困境中，我該怎麼辦？

在日常生活中，我們常會面對這些情境：

- 當我們被他人（特別是主管）貼標籤了，在許多對話的場合裡，你會聽到「你就是這樣…」，「你總是…」，這是失去信任的徵兆。

- 當我們感覺對某一個人不再信任，有點懷疑，但是又不

想失去他的支持，怎麼辦？

- 我知道讓你失望，失掉你對我的信任，我該怎麼挽回你對我的信任呢？

- 為為一個主管，我對某一個員工不再信任，但是又不願意放棄他？我該怎麼做？

首先，我們必須先釐清，是什麼阻擋我們跨過這個恐懼之河？是面子問題，不安全，自己的驕傲，不饒恕，不認輸，還是認為這都是對方的錯？這個時候，我們需要一段和自己以及和他人的關鍵對話。

" 如何開啟一段「關鍵對話」（Crucial Conversation）"

一位高階主管感受到他老闆對他的不信任，這讓他無法放手的施展，在沉思後，他決定開始走出這陰暗，破除這道看不見的牆，這是他和我分享的心路歷程：

- 他自己覺察到自己「不被信任」：可能是人格特質，可能是能力，自己的態度或是承諾，所期待的績效表現……等。

- 他決定要勇敢面對不逃避：不是反擊而是建立一場溝通性的對話，開啟一個「關鍵對話」。
- 他先處理好自己心中的情緒。
- 他釐清自己對老闆的信任，確認這沒有一絲的懷疑。
- 他承認面對今天的狀況，自己有「絕大的責任」，他可以做得更好。

在這場的對話結束時，他和老闆深深的擁抱，「信任」不只是被重建了，而且更加深他們的信任基礎。

我們怎麼開始啟動這個必經的流程：關鍵對話，那會是一個很痛苦的流程，不是一般人能承受的，但是值得做。

關鍵對話是一個「雙迴路學習成長」的過程，不只要處理問題的表象，更要處理問題的根源，表象是「行為，承諾，關心，信用」，根源是「品格，誠信」。

◆ 預備動作

首先，我們必須先預備如何開啟這場自我對話？我們先以這個假設命題「我不再對他信任，我應該如何重建對他的信任？我如何採取主動，開啟一場建設性的對話？」

1. 自我的心理建設：3A/3C

- 自我覺察：我關注到什麼主題？我願意主動面對來伸出橄欖枝嗎？

- 我的目的是什麼？那個最重要？短時的面子還是維繫長期的好關係？尋求和解重建信任是我的選擇。

- 先釋放情緒（怒氣或是不滿）：可以寫一封不寄出去的信，將它寫好，存放在抽屜裡。

- 轉念（1）：心思意念的轉變，建立正向動機和意圖，找出自己的意義和目的，心理也願意尋求雙贏，而不是報復。

- 轉念（2）：同理心的思考，為什麼他會這樣說這樣想？

- 轉念（3）：我自己也應當對這結果負有責任，不能一昧指責對方（我願意為此道歉）。

- 目的是什麼？不只是要達成目的，更重要的是達成目的的手段和過程，要重建信任。

- 行動（1）：我願意先採取主動破冰嗎？我願意伸出友善的手，先做「Remove（排除）到 Restore（重建）再到 Renew（更新和好）」來建立我們間的信任關係嗎？

- 行動（2）：我願意做出承諾，以後絕不再犯？而且說

明「正常的我」會是這麼樣的一個人？重建你對我的信任並有所期待，重新建立我們的信任關係。

- 3A: Awareness, Accept responsibility, Apology
- 3C: Commitment, Credit, Connection

2. 行動前的自我對話：

- 評估和決定要開啟這一場對話：如果對話不歡而散，我可能會冒什麼風險？如果不處理，又會有什麼後果？如果處理好，對團隊和我個人有什麼好處？

- 為什麼我對他不再信任？這是我個人的感覺，是因為我個人被冒犯所做的反應還是他表現出來的行為讓我有這個感覺？在 5C 裡，我能具體説出來是哪一個元素嗎？品格，能力，關心，承諾，信譽。

- 我自己願意承擔自己的責任嗎？我願意以謙卑的心來開始這場對話嗎？

- 我對他的期望是什麼？這合理嗎？

- 他如何做，能再贏回我對他的信任？

- 你和他的對話目的是什麼？建立信任關係，正向合力，還是批評指責？

- 我的態度調整好了嗎？是否準備了勇氣，謙卑，正向，

坦誠，誠懇。

- 什麼時候，你願意釋出善意，採取行動？

◆ 關鍵對話裡的關鍵流程

1. 首先要表達你希望和他開誠佈公的談談，為的是能夠幫助你完全的互相任。如果有第三者事先能傳達你改善關係的坦誠意願，這可能會強化對方的認同。

2. 使用中性語言來舉出例子，特別是和 5C 相關，你所觀察到的行為或是體驗到的個人感受，讓你對他喪失信任。

3. 請問他對你的看法陳述是否有同樣的感受：在這個過程裡，就是要傾聽他的說法，不要插嘴，反駁，辯解…，只要安靜的傾聽，並釐清你對他陳述的理解。

4. 陳述你對他的改善承諾，希望能再給雙方一次機會重建信任？

5. 請問對方是否認同，而且願意也承諾行動，改善雙方的信任關係。

6. 決定雙方如何合作？什麼時候再來查驗進展？

◆ 一場關鍵對話的案例

　　主管：Ming，我看到你最近的工作項目，完成的時間總是無法符合你的承諾，品質也不太好，這不只影響我們團隊的績效，也會影響你個人的績效，最近我不太敢將重要的新項目交給你，坦白的說，是有點不放心，你有感覺到嗎？我希望和你談談，因為你以前的表現都是非常的優秀，我希望你能盡快跟上我們團隊的腳步來，我們需要你的參與，你能告訴我，你個人發生了什麼事，需要我幫忙嗎？

　　Ming：謝謝你告訴我，我是有同感，這個項目對我特別的新，有許多的挑戰，特別是和海外同事合作磨合這個部分，有許多的衝突和困難，我以前都是做國內的項目，很容易取得共識和行動方案，但是這個專案不同了，我過去沒有海外經驗，這段的學習路程確實是我慢下來的主要原因。我的能力不足，誰能幫我的忙呢？

　　主管：我能理解你的說辭，我來邀請 John 來協助你，他有過經驗；除此之外，我還觀察到你自己的動機和動力不像以前那麼強，我的觀察對嗎？是能力的問題讓你失去動力嗎？還有其他的原因嗎？

Ming：：你觀察得很仔細和正確，在接這個專案時我心裡是很掙扎，因為要常常出差，在家時也會有時差的問題，在半夜打電話處理事情，我太太常希望我多花些時間在家陪伴小孩，現在的狀況越來越糟，工作累壓力大時間也長，我甚至考慮是否該換工作了？我會將這個專案依照我的承諾儘速做好，再下來，我要好好想想，這是否是我要的工作？

主管：我可以理解你的心情，你心中的掙扎我也認同，你是我們團隊需要的人才，你需要的能力我們可以馬上安排一位導師教練給你，相信以你個人的承諾，很快速的可以上手，至於你的未來工作安排，待你想好後，我們再來一起討論好嗎？

Ming：謝謝你，你可以看到我對這個專案的關心和承諾是不變的，只是在能力上超越我的預期，再加上工作的壓力，對我有點掙扎和猶豫，謝謝你今天的對話，我已經釐清自己的狀態了，我還是珍惜這份工作和團隊，讓我加速建立所需要的能力，轉換工作的事，就暫時擺一邊吧，只要有能力處理好事情，我就不會再胡思亂想了。

主管：很好，我心中的烏雲解開了，我們能在下一個月找

一天再碰個頭，看看你的進展如何？好嗎？當然，你面對困難時隨時可以找我。

讓我們反思一下上面的案例：

1. 主管有勇氣點出問題的所在，告訴他這樣下去會影響我們間的信任關係。
2. 主管說出他的感受，傾聽對方的感受，再確認這是真的。
3. 確認問題的根源：具體的找出在 5C 裡的著力點。
4. 主管不要只停留在表象行為層，要用「雙迴路學習」法，找到影響行為後面的根源，是什麼？
5. 共同找出解決方案，加上 Ming 的行動承諾。
6. 下一個月，相約再見。
7. 重建信任的關鍵元素：「態度＋和解＋承諾＋行動＋時間」。

我相信身為主管的人都會有類似的經驗或是感受，有些員工只挑軟柿子吃，選擇性的做他喜歡做的事，其他的事可能不靠譜，主管心中有戒心無法放手也不敢完全信任，該怎麼辦？這是一個「關鍵對話」的抉擇，敢於開啟這場對話，那就有機

會建造一個員工，不敢面對或是選擇逃避，那就是告訴自己：
「我選擇放棄他」，這是主管的一念之轉。

"如何讓重建後的信任能持久？"

　　請記住：堅持不做過分的承諾，只做更多的好承諾；也確定你的承諾和自己的計畫沒有衝突，可以達成；釐清你的新承諾，設立合理的期待；定時的向對方報告你所承諾的進度；當達成目標時，更需要公開的說明，並感激給你重建信任的機會。

　　信任是一個有意識對雙方關係的選擇和決定，如果這個關係對我們重要，我們會選擇面對困難邁向重建，如果這段關係對我們不重要，那我們可能選擇放棄或是離開。

RAA 時間：反思，轉化，行動

- 你個人有重建信任的經驗嗎？你能描述嗎？哪些做對了，哪些可以再改進？
- 請再重讀「一報還一報」型和「饒恕」型，你會使用嗎？先建構一個案例試試。

6_章

我憑什麼繼續信任你？

組織的能量來自於團隊成員間的相互信任關係，關係的品質決定組織的正向或是負面能量；批評，忽視，排斥的關係將產生負面能量；開放，接納，分享的關係產生正面能量。

—管理學人惠特麗（Margaret Wheatley），《領導力與新科學》

TRUST IS THE KEY
TO **MOVE FORWARD**

" 「1+1>2」的團隊領導 "

　　這是領導人的最高理想：1+1 > 2 的團隊效果。但是我們也都知道，它不會自然發生，依據實驗統計，一個人做一件事，如果有合適的激勵，他會付出 100% 的能量，當兩個人同心協力時，每一個人平均的付出是先前的 93%，到三個人時下滑到 85%，超過八個人時，每一個人的參與度只有先前的 49%，這是為什麼？

　　它的奧秘在組織的氛圍，在領導力，在管理，更在前面所

團隊績效：
1+1>2 ？

說的「權力和愛」的均衡裡，權力是達成目標的動力，愛則是合一的動力，缺一不可；如何簡化這個管理或是領導的流程，有效達到團隊高績效目標，「團隊的信任」是一個指標。企業的最佳競爭力來自關鍵資訊能在內部自由而且快速流動的能力，而「信任」就是那加速器。

" 「與成功有約」的反思與應用 "

身為一個企業高層教練，最主要的預備動作裡就是要組織高層主管學員心中有些領導的基本知識，再來幫助他開展自己的領導模型，使用在不同的人和不同的場域。

最近我幫助過一個企業事業單位的最高主管，他以前負責銷售部門的業績輝煌，很自然就被提升上來，但是他面對的第一個困境是：他以前都是聽命行事，過去合作十幾年都是聽命於老闆，有事老闆罩著，雙方合作愉快，現在忽然老闆離開了，他要帶領團隊做部門領導人，負責部門損益，雖然他的職位已經很高層了，但是這對他還是頭一遭，有點慌。

我們在教練前，先進行一段簡短的學習之旅，也讓我重新溫習一下《與成功有約：高效能人士的七個習慣》（The 7 Habits of Highly Effective People）這本書；此書原來的寫作

資料來源：《與成功有約》

出發點是針對個人的發展，但是讓我們倒過來讀，用教練的角度來討論如何做領導，如何建立信任。

這本書的底層談的是「自我修練」，個人的領導，上層談的是「團隊領導」大眾的成功，背後支撐這個理論基礎的是兩隻無形的手叫：「同理」和「信任」，在「同理」和「信任」這兩堂課的學習中，容我接下來做點簡單的摘要。

◆ 第一堂：個人的領導（由領導者的角度出發）

　　1. 主動積極（be proactive）：你如何來定義主動？如何

來評估積極？

- 這需要和你的合作對象或是老闆要有好的溝通，理解對方對你的期望是如何？這是相對的，有些老闆喜歡參與細節，那你可能要將他當作導師或是顧問，讓他在早期或是中期適度的參與，對於完全授權的老闆，你只要定期的報告，讓他放心就好了，除非你需要協助。

- 身為一個主管，你需要理解你的屬下的狀況，對於在學習發展階段的屬下，和對於自己有想法但是還不成熟的屬下，到可以完全授權的屬下，你給予的主動和積極的期待要不一樣，信任的程度也不同。

2. 以終為始（ begin with end in mind）

- 以一個個人而言，你會有個人的使命，願景和目標，包含個人和家庭的內容，這是你生命成長的指標，定期的建立反思機制，訂定下階段的目標，並做必要的調整，最常用的工具是價值飛輪（Value wheel）。

- 身為一個領導人，建立團隊的使命，願景和目標是領導人的必要職責，設立年度（SLRP: Strategic Long Range Planning），季度，月度，甚至每週都有一個優先主題，最常用的工具是 MBO（Managed by objectives）.

- 基於團隊的 MBO 目標，可以再細分到每一個人的職責範圍，建立自己個人的 MBO，有目標有指標，可以放到個人的行事曆裡，成為自我管理的依據，也是向上或是向下管理的依據。

- 如何將個人的目標和組織的目標接軌呢？這是員工參與度和投入度的指標，也是信任度的指標。

3. 要事第一（first thing first）：

- 什麼是你的要事？什麼是團隊的要事？每一個人依據他自己的職責可能有不同的答案。

- 如何將時間和資源做最佳的投入？這時要讓員工做自己的主人，給他一片天，給他自由的空間和時間，讓潛能飛翔。

◆ 第二堂：領導者的思維

4. 雙贏思維（think win win）

- 我知道我要什麼，可是如何定義「你贏」？你要什麼？這需要溝通，而不是靠想像；他願意說出自己的心裡話嗎？這是信任。

- 理解對方所重視的事，如何合力共創（Co-create），達

成雙方想達成的共同目標？

5. **知己知彼**（seek first to understand, then to be understood）：

- 先知彼：在這多元多變化的社會，我們要透過傾聽，理解對方的需求，一個人在不同的時間，不同的情境可能有不同的需求，主管要能不斷的互動，探詢和傾聽，理解對方在現在所關心，所需要的。如果再深入的探討，我們還可以針對不同的性別，種族，地域，年紀，學識背景…等，都可能有不同的需求和感受；不要建立在過往的經驗或是加速來做判斷。

- 再知己：理解自己的感受和需要，也能有效的表達給對方知道，這是同理心的基礎。

6. **統合綜效**（synergy）：

- 理解傾聽了你個人，團隊，夥伴，老闆的需求後，作為一個主管，你必須要做決策，承擔企業給予你的責任，不只是「盡力而為」，而是「使命必達」的精神，你做的決策一定無法滿足所有人的需求，如何能聽完後，告訴他們「我聽到你們的聲音了」，做完決策後，能回頭告訴他們，為什麼你要如此做決策？並尋求他們對你的支持，這是為政策必要的溝通，整合綜效裡重要的一

環，信任是成功溝通，並取得認同的關鍵元素。

* 在這個階段，主管可能要面對衝突管理，必須使用你被賦予的權力（Power）來做決策，使用愛和溝通來尋求合一（Unity）；權力是邁向目標必要的動能，愛和溝通是尋求合一的火種，這都是主管們必備的工具和能力。

7. 不斷更新（sharpen your saw）：

* 學習和更新是建立進步的能量，我們每天都面對挑戰，必須面對改變，我們有為員工預備改變的能力嗎？我們有自我在學習改變嗎？我們有投資在組織文化的建造嗎？ 在面對外部的挑戰時，我又信得過誰？誰願意與我合力共創？

當我們以主管或是組織領導人的角度來討論這本書的內容時，會遇見許多個人和組織能力的不足，包含領導力，專業的能力，最後的總結就是「同理心」和「信任度」。

有關同理心的討論，人會因為在不同的場域不同的職位和擁有不同的權力時，會有不同的行為表現，以下的這兩個心裡實驗可以時時提醒我們，特別是當我們擁有權力和名位時。

"路西法效應：為什麼好人也會變壞"

「路西法效應」（the Lucifer Effect）是美國心理學家金巴多（Philip Zimbardo）的理論，它是指在特定情境或氛圍下，人的思維方式、行為方式、人的性格，表現出了惡的一面，這體現了人性中的「惡」是可以人為在特定情境下，或是直接由情境造成的。

最出名的一個實驗是史丹福大學的監獄實驗，金巴多在1971年領導的實驗小組，於設在史丹福大學心理學系大樓地下室的模擬監獄內，進行一項關於人類對囚禁的反應以及囚禁對監獄中的權威和被監管者行為影響的心理學研究，充當看守和囚犯的都是史丹福大學的在校志願大學生。囚犯和看守很快適應了自己的角色，一步步地超過了預設的界限，通向危險和造成心理傷害的情況。後來有三分之一的看守被評價為顯示出有「真正的」虐待狂傾向，而許多囚犯在情感上受到創傷，有兩人不得不提前退出實驗。最後，金巴多因為這個課題中日益氾濫的反社會行為受到警告，提前終止了整個實驗。

這種人的性格的變化被他稱為「路西法效應」：個人的性情並不像我們想像得那般重要，善惡之間並非不可逾越，環境的壓力會讓好人做出可怕的事情。

「在實驗開始的時候，兩組人之間沒有任何區別，不到兩

個星期之後，他們之間已經變得沒有共同之處了。」這也印證
「權力使人腐化」的說法。

◆ 餅乾試驗

這是另一個有關權力使人腐化的實驗，在 2003 年，有兩
位心裡學家克特納（Dacher Kelter）和古倫菲德（Debora H.
Gruenfeld）所做的實驗，他們隨機選擇三個人一組，一個人當
組長，另兩個人當下屬，這兩位下屬共同完成一個拼圖遊戲，
一起和其他組的人比賽，主管在必要時有權力介入，30 分鐘
後，外面遞來一些冰水和五塊餅乾，大家還是有說有笑的玩遊
戲，各自拿一杯冰水一塊餅乾往嘴裡塞，這個實驗的關鍵時刻
來了，再下來，誰拿下一塊？觀察的結果是「有權力的組長」，
他不理會或是徵求他人的需求，會不自覺的拿起第四塊餅乾。

這就是權力的影響力，讓主管們更在乎自己的需求，不
會理會成文或是不成文的規定，常常誤以為自己就是世界的中
心。

◆ 狒狒的行為

一個在不信任環境下生活的人，他的行為會是怎麼樣呢？
有一位心理學家蘇珊·費詩柯（Susan Fiske）對狒狒做了一

場實驗，裡頭有狒狒王和他的嘍嘍們，她發現這些嘍嘍們每20
到30秒鐘就會瞄猴王一眼，看他在做什麼，時時保持警覺；我
們人類在有權威者在場的環境裡，也有類似的行為，在家裡，
在工作場所，會定時的瞄父母或是主管在做什麼？低階的人會
很注意高階的人在做什麼，這是一個無形的力量，說它是鏈接
也好，說它的壓力也行，就是依當事人當時的情境而定。

　　但是有一點是確定的，人們會很關心那些會影響自己命運
的人，特別是對自己有權威的人，熱衷收集他們的相關資訊，
以便能預測未來可能會發生什麼事？

　　**人們傾向使用負面的角度來解讀權威者的行為，當權威者
的訊息不明朗時，底下的人常會往壞的方向解讀，當發現對自
己不利時，就無法工作，會花更多心思搞清楚它**，以設法解決心
中的焦慮和不安全感，上網，小圈圈的聚會，三五成群的打聽
小道消息，發牢騷，互相打氣，結果就是團隊績效一落千丈，
在原地打轉。當外在的一些跡象顯示和他們的假設相符時，這
個不良效應會更加強化和擴大。

　　以上我們談的都是人的可變性，隨著外在環境和壓力而有
改變。現在，我們來看看哪些是不變的力量，足夠強到可以克
制那些變的因素，從而能表現出一致性的信譽和信任，這就是

我們要探討的「如何建立並維持我們之間的信任關係？」
" 人性最底層的需求是什麼？ "

　　除了馬斯洛的人性基本需求外，人最底層還有四個基本的
需求：

- 自由度（Autonomy）
- 成長度（Mastery），
- 有意義（Significance）
- 被尊重接納和信任（Be respected ,accepted and trust）

　　「自由度」是能自由的掌控自己的方向和命運，不被外力
控制；「成長度」是在做每一件事時，都有學習和成長的空間，
有成長和新鮮感，而不是像機械人一樣，不斷的做重複的事；
「意義」是在團隊或是組織內有價值，被肯定和尊重。這些隱
藏的力量將會是幫助我們找到維繫信任的力量。

" 在組織裡，如何互相維繫信任 "

1. 真誠領導：建立坦誠文化，讓員工能夠掌控自己的未來

我太太在網上訂購一個汽車椅墊，她先給予信任，訂貨付款做完了，可是當場沒有及時收到「訂單號碼的回复」，她也沒有放在心上，因為她「假設」網上有高評價的公司應該不會詐欺，時間慢慢過了，兩週後，還是沒有回复送貨時間的消息，她開始懷疑信心指數在下滑，今天她耐不住掛了電話到供應商那裡，取得訂單的交貨認證，她才完全放下心來。

這個經歷告訴我們，我們也好似狒狒的行為，我們非常關注我們自己的大小事，特別是和我利害有相關的事，可是許多的主管們或是供應商們都認為「你們應該要信任我」而沒有主動溝通，可是在員工的心理，他們有足夠的資訊告訴自己「我們有可能會被出賣」，特別是在這個高度變化的社會，人們也偏向往負面的方面想，馬斯洛的人性基本理論開始發功，我們企業提供足夠的訊息給員工嗎？他們會覺得安全嗎？

我們在前面有提到「沒有驚嚇（no surprise）」的管理或是溝通，不只是上層對下層，同樣也適用於下層對上層的溝通，過去有部電影叫《誰來晚餐》，片中的情節是一位白人女孩第一次要帶她的男朋友來家裡晚餐，她父母都非常高興，直到電鈴響了，看到的是一個黑人男孩，大家都傻眼了。你可以期待後

來劇情如何發展。這也是在組織裡的狀況，許多的「驚嚇」源自公司上層的決策，員工不知道或不關心，而員工在做的事主管也不明白，這是真誠領導的挑戰，雙方無法「信任」和「交心」，不說明白沒有良好的溝通，只在做宣告或是報告，聽的人會往負面的方向思考，造成更多的疑惑和不放心，組織的活力就發動不起來了。

2. 要讓員工參與，合力共創

在面對機會或是壓力威脅時，領導人有幾個可能的方式來鏈接，不同的選擇，讓員工參與，讓他們覺得在組織有價值被接納，這是重要的信任指標：

- 宣告型：告訴群眾主管們的決定，要求大家配合，這一招在政府和群眾的溝通力已經失效，因為太多的不信任，更不要說面對企業內的員工了。

- 顧問型：這是選擇性代表性的參與，雖然有專業的能力，但是沒有信任基礎還是無法贏得認同，有些半開放性的社團就是採用這個方式，有效率但是沒有整合團隊不同的意見。

- 參與型：這開始開門迎賓，針對不同的主題，邀請合

適的員工參與，提供意見，我在《幫主管自己變優秀的神奇對話》書裡，就提出六個 I 的參與方式，這是新世代必須具備的領導力，Insight（願景，使命，目標）, Invite（邀請合適的人參與）, Involve（參與）, Inquire（探詢，傾聽，對話）, Inspire（激勵，挑戰）, Informed（告知決策）

- 授權型：這是純粹外包型的參與方式，成立一個專案專家小組，專門來處理或是提出建議，他們必須要具有代表性，代表多元的意見和利益。

不同的議題有不同的處理方式，但是大原則是不變的，盡量讓員工參與。

3. 敢於面對衝突（異見）

同理心是一個簡單但是不容易做到的課題，就好似我們在談「雙贏」的策略，如何雙贏？你要什麼？這個答案在不同的時間和情境都在變化？如何將你關心的利益和我所關心的利益聯結，取得最佳的組合，這不是一件容易的事，主管能做，該做的就是：

- 說出真相，分享資訊。
- 鼓勵員工說出真話，
- 支持敢於說出不同意見的人，
- 勇於面對衝突的對話，
- 資訊自由化。

上面的每一件事都是稀鬆平常的小事，但是對於員工都是大事，他們能聞出企業的文化和工作氛圍，能聞出企業那一潭水是酸性還是鹼性，再來決定給予主管的信任程度。

衝突在本書的定義是「不同的意見和看法」，而不是「情緒上的爆發和關係的破裂」；在這情境下，主管願意面對不同的意見，用同理心來傾聽，敢於面對衝突（不同）的環境，願意尊重傾聽和開啟對話，建立共識，也認同所不同的觀點，這才是雙贏的基礎，也唯有這樣才會有信任產生。

4. 對話力：一場關心和專心的對話

企業主管都會知道要定期和員工做一對一的談話，我給大家的挑戰是：你會將這個機會當作另一個「業務檢查」的時間，還是建立與部屬互相信任的機會？前者會讓員工望而生畏、退避三舍，後者則是一個信任關係的再造契機。

以前的主管們要表現出自己的專業，專家們會教他們一套不成文的身體語言，比如說「故作思考狀，故作有學問，說一些讓別人聽不懂的話，要西裝筆挺，走路走在前頭，或者和最高領導同行，不苟言笑，一副撲克臉……」，可是現今這套不再管用，年輕一代員工所關心的是：

你在對話時，你有專心和關心的傾聽嗎？有反應有表情嗎？你的眼睛有注視著我嗎？你對我說話的語氣溫柔清晰還是嚴厲帶怒氣？在你所不知道的地方，你會故意閃過還是敢於面對說：「這個我不懂，你認為呢？」你願意離開你權力的寶座，以平等的心態來關心和傾聽對方的說話嗎？

5. 主管要敢於展示脆弱

當主管敢於在員工面前，不管是私下還是大眾面前，說出「抱歉，我做錯的決定了，請原諒我！」，「這個我不懂，你認為我們該怎麼做呢？」在高管教練的門檻是：「我要改變，請幫助我！」就是這簡單的幾句話，幫助主管建立領導力，建立「信任」，當然它還是需要好的態度動機和情境，不可淪為口號式的發言。

6. 成為導師或是教練，敢於給予挑戰

員工留在企業裡的一個重要的理由就是「要成長」，美國哈佛大學有個研究，一個高潛力員工在同一個工作職位上，他們會願意犧牲 15％到 20％ 的薪資回報，為的是追求成長的環境和計劃。成長也是維繫信任的一根重要的繩索，除了培訓，年輕人最重視的是「導師，教練」，給予能力，挑戰潛能，越戰越勇，信任也在此強化；主管們，你在企業內，願意做員工的導師或是教練嗎？在關鍵時刻，你敢給予挑戰嗎？這是維繫信任的好幫手。

一個戰績彪炳的銷售主管，他的秘訣就是敢於給予他的團隊挑戰，這是他的口頭禪：「你會怎麼做呢？就這樣嗎？我相信你還可以做得更高更好，對嗎？我能幫助你什麼忙嗎？」

完成後，他會有另外一場的對話：「你做的確實是很不錯，特別是……，你能告訴我你是怎麼做到的嗎？你對自己的績效打幾分呢？（1-10 分）」，「如果還有下一次，你會有什麼不同的做法呢？」

這些都是挑戰式的對話，但是員工得著正向的激勵，而不是壓力。

7. 面對國際化團隊的能力

今日的團隊不再每天能面對面的開會或是有機會互相認

識，有心的企業會營造機會和環境讓他們接觸或是實體的接觸，但是多還是僅限於主管層級，環境多變，團隊的成員也不斷在變化，最好的方法還是主管們能具備有面對國際化團隊的能力，而哪些是重要的著力才能加速信任呢？

我簡單的陳述五大點給大家參考，首先就是「說到做到」，這個道理大家都明白；其次是「很有效，快速，公平」的分享資訊，這是建立信任的好機會，事小但是關鍵；再來就是「有效的溝通」，這裡不是「說清楚講明白」的溝通，而是面對不同的文化能有不同呈現的方式，比如說，我們很在意「公開讚揚，私下規勸」，這是文化；再下來就是要「耐心傾聽」，不要急著做結論，要先理解對方的說法和動機；最後就是「常常伸出友善的手和關愛的眼神」，對方還沒開口前，能給予適時的支持，這是感動的力量，信任的能量來源。

教練的使命是「喚醒生命，感動生命，成就生命」，要完成它，需要完全的「信任」。

" 信任的指標 "

信任和不信任間，不是 0 與 1 的選擇，而是一個連貫性的心理妥協掙扎後的決定，在不信任和信任中間還有「情緒性的

抗拒，冷眼旁觀的疏離，選擇性的試點，有條件的合作，鬆散式合作，合力共創」，它決定了信任的層級，這個決定會因著「環境，情境，人，時間，地點，個案」可能會有不同反應；如果在相近的條件下反應類似，我們會說這個人：「穩定度高，成熟度高，可信賴度高」，這裡頭含有充分個人「堅毅（GRIT）」的能量，他能犧牲短期舒適可得的目標來換取長遠的價值利益或是遵守承諾；他願意抗拒感性的誘惑和挑戰，做個理性的決策。韌性或叫「受挫力」（Resilience）是遇到挫折永不屈服的能力，是針對個案或是短期的反應能力，堅毅則是「使命必達」，為了達成長遠的使命目標，竭盡全力，這是建立信任的重要基石；只有不斷經歷挫折，歷練受挫力（韌性），堅毅才能長成。一個有趣的觀察，除了在某些組織或是團隊的「完全信任」，比如說家人，一般人的信任指標都是偏向中性化，指向中間的「條件說」，我們常說的「看情況再決定」。

　　一般來說，信任度是一個總體的指標，包含對一個人「品德，關心，能力，承諾和信用」（5C）的總體評價；但是有許多時候我們對一個人不信任，不一定是來自總體的評價，有可能是針對 5C 裡頭的任何一個選項，比如說我對他的「能力」「關心」「承諾」…等有保留或是疑惑，信任度會相對的減低。

　　在組織裡針對不同能力的員工，我們會使用不同的培育方

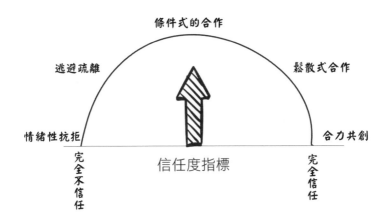

式，像是「培訓，教導，指導，導師，顧問，教練，授權，賦權…」，就是針對員工能否承受重任的一個信任評估後所採取的行為。

　　至於，我們怎麼評估一個組織內的信任度呢？以一個外部教練的觀點，我們很容易由組織氛圍來查驗「信任度」，這是一些感知線索：

- 員工「上班一條蟲，下班一條龍」的不自覺行為
- 員工在公共空間（比如走廊餐廳）和主管的互動模式：是躲開還是會打聲招呼，親切問候？這是實體距離也是心理距離。
- 開門政策：有多少員工會自動進來談他自己的私事，並

尋求主管的意見或協助？

- 在會議裡，有不同的異見討論。

- 組織內部的能量展示：熱情還是抱怨冷漠？

信任好似粘膠，它有不同的黏度，上頁的那張圖表：「信任度指標」也就是黏度的指標。信任是雙向的，只有互信才是真信任，必須雙面都潔淨了才能粘得牢。

當我們決定不再信任一個人時，有關他的任何訊息對我們就不再有任何意義了。當我們決定不再信任一個人時，我們可能會幫他貼上一個標籤「他就是這樣的一個人」。

RAA 時間 ：反思，轉化，行動

- 你認為如何能繼續贏得他人信任？
- 作為主管，你會做什麼努力？
- 作為一個員工，你會做什麼努力？

7章

建造組織內的優勝美地

當員工的差異性被接受並欣賞，「冒險」的過錯被容許，溝通更為開明，規範更為靈活，這是一個高信任健康團隊所需要的養份。

—薩提爾（Virginia Satir）

TRUST IS THE KEY
TO **MOVE FORWARD**

" 疑人不用，用人不疑 "

有個年輕人由美國留學回來，他有著常春藤名校 MBA 的光環，當然很容易就找到工作，可是每一個工作都沒有辦法待得長，三個月一換，他父母也非常傷腦筋，懷疑他好像水土不服，所以邀請我和他談談。

我問他：「是什麼原因讓你在這些好的企業待不下來呢？」、「我不受尊重，不受信任」，這個年輕人還算是成熟的，他不指責企業或是老闆的錯，而是直指問題的核心，「你覺得如何才算是尊重和信任呢？你期待他人給你尊重和信任呢，還是先問你是否值得被尊重和信任呢？」他沉思了一下，和我道謝後就默默的走開，之後他工作就穩定多了。

員工和企業裡都希望將辦公環境建立成一個「優勝美地」，但是如何達成呢？那些是關鍵元素？我們對幾批的年輕人作了調查，他們心目中的「理想國」是這樣的：

- 信任的氛圍（Trust）：和他們所工作的同仁和外部合作廠商。
- 驕傲（Pride）：為自己的企業和自己的工作，貢獻覺得很有意義，很驕傲。

- 幸福感（Joyfulness）：喜歡和這邊的人合作，互動，
  身心靈到滿足，有張力，有挑戰，有價值，更有成長。

對於一個企業教練，我們如何來解構這個內容呢？就好似
一個客戶對產品經理說，「這裡要寬一點，那裡要快一點，上
面要深色一點」，你如何解構成為一個能執行的技術規格呢？
在語言的外表，裡頭藏著哪些關鍵的元素呢？下面是我個人的
解讀：

1. 員工對自己在組織內的價值有信心：他知道自己的責任
   和角色，自己的守備和攻擊的位置，知道自己在組織裡
   的價值，不在二軍而是一軍，不是後備區而是攻擊區，
   自己的每一個努力對組織都會有貢獻，這是驕傲的來
   源。
2. 幸福感：對身旁的人事物都是充滿著感激之情，而不是
   批評論斷或是抱怨，正向積極，願意參與和分享，更重
   要的是有挑戰和成長。
3. 對組織的發展和未來有信心：因為自己的積極參與，組
   織未來會更好。
4. 資訊流通和決策的速度：組織血管裡沒有血栓，這是企

業的靈活度。

5. 信任是後面總體支撐的力量。

相對的，高階主管也有責任來改變自己，建立互相的信任的基礎，下面是我和一位總經理對話後寫給他的一封信，這也是一個非常成功的案例；其中一句是「昨日的優勢擋不住明日的趨勢，自我的改變是唯一的出路」，身為主管的你，是否也面對這個情境？你願意改變嗎？如果答案是「是的」，那這本書就是為你而寫的。

張總，

和你的相逢自是有緣，記得在五年前，你的公司剛起步只有 50 幾個人，今年我們再見，你的公司已經成長為國際性企業，在海外幾個國家佈點運作，在快速成長中，你臉上發散出的興奮和自信，我同時也看到你的無力感，；你早期豪氣干雲，常會說「疑人不用，用人不疑」，可是近幾年來，經歷了幾次對人才的誤判，不再敢說這話了，以前每次有海外員工回來，難免的大包的鳳梨酥要他們帶回去慰問海外員工的辛勞。國內員工過年時的紅包和感恩對話是他們一年一度的期待；曾幾何時，企業變大了，在廠區的員工不再熟悉，許多外來的專

業經理人總是缺少那份革命感情，你失去擁抱他們的動力和熱情。在今年第一次我們相見時，你開頭就問我「請告訴我該怎麼辦？那些我們該繼續堅持的做？那些該改變了？那些需要再學習更新？」這是許多台灣企業老闆們心頭的痛，以前「家庭氛圍型企業」已經自動轉型到「組織管理型企業」，你不再是「大家長」而必須承擔起「總經理」的新角色，那該如何找到著力點呢？我分享了「信任，改變，領導力」的三角模型，這三個元素常常糾結在一起，必須同時著力才會有功效，你非常的認同，那該怎麼做呢？

　　我們昨天花了幾個小時專注在討論「信任」，你如何才能信得過他人，也如何能贏得他人的信任？它有哪些關鍵元素呢？那些是你最在意的信任元素？你毫不考慮的說是「品格」，我看到你的痛，我們共同花了幾個小時來合力共創（Co-create）釐清那些是建立信任的元素？作為一個教練，我由員工的角度來體驗和挑戰「如果老闆有這些特質我願意信任他嗎？」我們總算找出一個簡單可以實踐的清單，這5C就是我們的第一次結論，它代表著品格（Character），能力（Competence），關心（Care），承諾（Commitment），信用（Credit）。什麼是品格，能力，關心，承諾，信用？你個人的定義是什麼，又如何著力？如何能贏得員工的認同？這將是你

企業價值的再更新。我們相約再兩週後和你以及你的核心團隊一起來討論它們在你企業內的定義和操作方法。

在離開你的辦公室時，你微笑的告訴我「今天這段談話是一道光，讓我能重新站在這個基礎上，再次的向員工們宣布我們用人不疑的理念，這是我們企業要堅持的價值」。

今天，我也看到這光，看見了改變的希望。

陳朝益　你的〈信任，改變，領導力〉教練

"組織變革：如何建立信任文化？"

一個有責任感的領導人，一定會問教練：「如何能在組織內建立信任文化？」我常常對此提出以下問題給他們先想想：

1. 為了促進組織的信任程度，你可以怎麼做？
2. 哪些指標或是行為方式，可以來衡量我們的信任度？我們是否有在進步？
3. 哪些是信任度的關鍵課題？
4. 組織內建立信任最大的困難或是阻礙是什麼？你會如何克服？

5. 企業內哪些規則或是潛規則違背信任原則？你會怎麼處理？

　　如果你無法回答上面的問題或是不願意回答，那這一章不是為你而寫的，這本書你基本上已經讀完，你可以合起書本了，你會帶走一些知識，但是還不是智慧，沒有經過歷練的學問基本上還是沒有太多的價值。

　　這章就好似一個醫學院的學生，讀完了各種理論，現在要開始實習，更殘忍的是，第一個實習面對的對象就是你自己。

　　這是一場尖銳而痛苦的旅程，因為我們要做「一般平常人不願意做的事」，所以我才放在最後一章，只留給有心的領導者，身為一個教練，只要你有強烈的動機，我願意陪你走這段路。那麼，我們如何來跨出第一步呢？就好似我剛才說的，先來面對自己，先來改變自己。

1. 改變自己（Being the change）：

　　這是信任的第一個著力點，我們在前幾章也有提到過，但是這裡要更強力的來述說，它有幾個內涵：

・　**勇氣**（Courage）：當仁不讓，為所當為，敢於面對現

實，推動那高牆。

- **謙卑（Humility）：** 願意放下權力和權利，放下權威和專業，選擇開放，坦誠，真誠，傾聽他人的意見，放下我，來面對你和我們，以成年人對成年人的心態來對話，安靜的傾聽，不帶面具。

- **紀律（Disciplined）：** 釐清動機，追求目標和績效，堅守價值和承諾，嚴守紀律，說到做到，要求自己做個值得信任的人。

- **勇於展示自己的脆弱（Vulnerability）：** 敢於認錯，敢於說出自己需要幫助，敢於說出自己的感覺，敢於說出真話。

- **認同差異，接納不同（Diversity and Inclusion）：** 同理心是看到他人的需要和不同，並予以接納，尊重和認同。

- **學習的能量（Learning capacity）：** 以好奇，開放，接納和愛人的心胸來面對每一天，經歷過每一本書每一個人，勇於做探詢和反思，都是在學習成長。

- **承擔責任（Accountability）的勇氣：** 在最關鍵的時刻，勇於承擔責任，作出最困難的決策，最能贏得員工的尊重和信任。

2. 勇於開啟關鍵對話（Crucial conversation）

勇於開啟關鍵對話，面對並轉化為建設性的衝突，是我們一生的功課。要如何面對衝突（異見）而不提升負面的能量，而且還能在這種對話裡不生氣或是心理受傷、不衝撞但是也不逃避呢？「對事不對人，事越理越清，或是不打不相識，英雄惜英雄」，這些都是非常理性的答案；但是對大多數人，這些形容還是非常的感性，我們人性的弱點之一是「得理不饒人，常會乘勝追擊，最後是兩敗俱傷」，如何才能將這衝突轉化為信任的力量？有幾個步驟可以參考：

- 先說出自己的感受，
- 探詢對方你是否也有如此的感受？
- 勇於表達自己的期待，
- 安靜傾聽對方的期待，
- 找到共同的目標和著力點，
- 同意雙方所不能共同認同的部分，暫時放下爭議，尋求雙贏，這在報紙上常有這個說法，這不是妥協，而是先建立信任的灘頭堡，再來擴大基礎。
- 討論「如何共同協力達成這個目標？」
- 設定一個定期檢驗的機制：指標和時間表。

對於組織領導人，接著還有幾個關鍵行動必須要能執行。

3. 勇於面對員工，公開回答最尖銳的問題：

許多的高層主管只在象牙塔裡聽簡報做決策，很少直接面對員工；我以前服務過的一家企業 CEO 每次來訪，其中要項之一就是直接和員工對話，我們會找一個大的場地，由 CEO 來告訴我們他在忙什麼？哪些是公司的大策略，哪些是我們在地的員工能參與貢獻的？還有他對我們在地員工的期望，再來就是開放問答，我記得有一次一位員工問他：「你對你去年的績效打幾分，哪些做得好，哪些需要再加強？」，他沒有猶豫，很坦誠的分享他的工作優先次序，包含接班人，併購和國際化的努力……等，還有自己的績效，他告訴我們自己去年沒有達成董事會的期待，所以只有 B+；這一段對話使員工深深受他的真誠感動，那個以前只能在電子郵件或是每一季的影片：「告全體員工書」的報告裡看到的 CEO，原是如此的嚴峻，遙不可及，但是在這個面對面的場域裡，員工感受到他的風範，強化了對組織的信任。

4. 適當時候，使用你的權力，更能贏得尊重，但是要公開的溝通：

　　教練常會鼓勵領導人要有聆聽的耳，但是只有領導力教練才會告訴你，要在傾聽完後敢於做決策，這是我們在談「權力和愛」的重點：做決策是主管的特殊使命，沒有人能代理，做決策也無法讓每一個人高興，所以必須要溝通，公開的溝通「為什麼你這麼做決策，對組織有什麼好處？」並邀請員工參與；

　　讓我們再想想「囚徒的困境」這個故事，每一個人都在追求自己最佳的利益，只有領導人有這個高度和責任來做團隊最佳的決策。

　　每一個主管在上任時都會有一筆無形的資金，那就是我們所說的「信任基礎」，在每一次的互動中，每一次的決策時，他也在同時付出資金或者是賺取新的資金，這不是他自己說了算，而是來自於對方對於你的評價，它決定在於「當你能使用愛的時候，你是否使用權力？當你該使用權力的時候，你是否有作為？」適當時候，使用你的權力，更能贏得尊重。

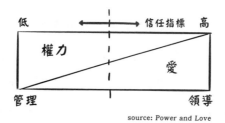

source: Power and Love

5. 言出必行（Walk the talk）：

領導人的每一個行動和決策都會影響員工的下一個行為，除非你很有意識的告訴大家「這是特例」，許多領導人很喜歡分享「今天我又一個好點子」，員工不小心聽到後就開始放慢腳步，停聽看，很多的主管不知道，你一句不經意的話語就是命令，縱使那只是你在茶水間的一句話。

有一間企業為了防止這個困擾發生，將組織裡開會分成兩種：「務實會」和「務虛會」，務實會在做決策，每一個意見和看法就是要幫助建立共識，作出最好的決策；但是務虛會就不同的，在中國叫「敲腦袋會議」，也叫「頭腦風暴會議」，有意見儘管說，這是以一個意見分享的大熔爐，放下你的職位和權力，大家來丟你的看法和想法。這是一個「清醒企業」的好做法，之後員工才不會混亂，才能做到「言出必行」，建立一個信任的文化。

6. **保持你的溫度：**

領導人最主要的責任之一是「開展企業的廣度，深度，高度，速度和遠度」，這是 MBA 課堂裡專注的經營術，教練專注的是另一個領域「角度，態度，速度，溫度」，看事情的角度，待人處事的態度，傾聽的速度（慢），對人的溫度，這些

是新的專業，我們每一個人都有這個潛能，只是沒有被開啟而已。

"社會裡信任的層級"

我們在本書第二章有簡單介紹了這個主題，我們在這裡再來更深入的探討。人有不同信任的面向，有不同的信任層次，我們先來看這這個圖表，看看你是否可以認同：

信任的層級

我自己　　我的親人　　我的死黨／好朋友們　　企業，組織，社團，政黨　　社會，國家，世界

我們對他人的信任起源於「**對自己的信任**」，對自己沒有信心的人，看外面的事和人總會有懷疑和不信任，這是自我認

同和自我的定位；再來直接面對的是我們的「親人」，特別是父母和兄弟姐妹，在一個健康的家庭裡，這裡充滿著「無條件的愛，包容和信任」，可以犧牲可以獻上生命的愛和信任，這應該是一個「完全信任」的典範；再往外走就是「死黨好朋友」了，這些人可能和你有經歷過「極境」或是最困難的環境，具有很深的革命感情，有義氣甚至忠誠，在你極需要幫忙或是支持時，他們會「義不容辭」是伸出援手，這就是另一個層次的信任。

再往外走就是「企業，組織，社團或是政黨」，這是一個「有條件的淺層信任」，基於一些共同理性的默契或是協議所建立的信任，它是以「自我」為中心的思維，最佳的狀態就叫「雙贏」，但也有特例，為組織為政黨拋頭顱灑熱血的人，這個是革命政黨或是組織，不在我們這本書的討論範圍內；最後一個場域就是「社會，國家或是世界」，這許多是「盲目型的淺層信任」，後兩者的條件或是環境氛圍的改變會直接影響信任關係。

" 我信得過自己嗎？"

許多人常常會做出讓自己後悔讓自己失望的事，當再次發

生時，相對的會失掉信心，不再勇於嘗試，有如「一朝被蛇咬，看見繩就驚」的心態；為什麼有這個現象呢？如何重建對自己的信任呢？我們先來分析一下，為什麼發生？

- 太衝動、太情緒性的反應，事後常後悔，
- 太快、太靠直覺性反應，而沒有考慮周全，
- 太優柔寡斷無法抵擋外來的誘惑或是壓力，
- 太過同理，太遷就對方的立場，而喪失了自己的立場，
- 太自我中心，只顧著說話，沒有傾聽，錯失許多寶貴訊息，最後造成誤判，
- 讓外在的社會價值大大的超越了自我價值，將自己成為無辜的犧牲者，無法堅持自己的立場，
- 其他可能的因素。

原因有千百種，但是它的核心問題在於「一致性（Congruence）」，對於自己的行為表現沒有一致性或是不敢承擔責任而懊悔，這是關鍵。

要建立對自己的信任，有兩個關鍵步驟。

第一：建立自己的立場（Personal Identity），先和自己對話，釐清一些的幾個問題：

- 我是誰？我希望我最好的朋友如何來介紹我？（個人定位和使命）
- 我的個人優勢是什麼？我的熱情是什麼？我的未來目標又是什麼？我如何達成我的目標？（個人的價值，願景，目標）
- 我做什麼？不做什麼？（價值觀）
- 我現在走在自己的道路上嗎？對於未來，我看得到希望嗎？

這是個人的身份證，在關鍵時刻他人才能夠認出我來，比如說「一個機會，一個挑戰，一個社群」，你可以容易找到你的夥伴，他們能夠給予你適當的支持。

至於要如何表現出來「一致性」呢？又該如何建立自己的信心和對自己的信任呢？在面對關鍵情境，面對一個大的挑戰或是一個非常興奮的心思意念，我們該怎麼辦呢？

那就需要第二個步驟。平時我們要預備兩個工具：**一面鏡子和一個喊「暫停」的口哨**；「鏡子」幫助我們看到自己的行為和盲點，它可能是你信得過的朋友；「暫停」讓我們不再衝動行事，給自己有時間和機會來分辨做選擇和做理性的決定；問自己幾個問題：這事需要做嗎？為什麼？（Why）先說服

自己，再來決定如何做（How）？什麼時候做（When）？用什麼方式來做？我願意承擔所有成敗的責任嗎？面對

	情感的投入 低	情感的投入 高
高 理性的分析	淺層信任（有條件）	完全信任
低	不信任	淺層信任（盲目）

可能的困境，我願意堅持下去直達到目標為止嗎？經過這一番理性的思考後，再採取行動，我們表現出來的一致性就會高出許多，至少我們知道這是一個不同的決定，我願意負責，這才不會後悔懊惱；對自己的信心或是信任感相對的加增。

◆ 深層信任

我們會問自己「我值得信任嗎？」或是「我願意信任他嗎？」我們第一個反應是在「深層信任」的層級在思考，我重視的是「他這個人」，他的人格（Character），他關心（Care）我嗎？他對於我有的信譽（Credit）嗎？信譽所關心的是「3R」：

- Responsible，他說話算話嗎？
- Reliable，他有一致性（Congruence）嗎？，言行一致，也經得起時間的考驗。
- Responsive，他回應的態度如何？是猶豫還是及時？

- 最後才是能力和承諾。

◆ 淺層信任

　　如果我們再問「我信任他能幫我處理這件棘手的事嗎？」這是進入「淺層信任」的場域，它重視的是：他和我投緣（Chemistry）嗎？他有能力（Competence）幫我忙嗎？他和我的關係如何？他關心（Caring）我嗎？他願意幫我（Commitment）嗎？他以前的記錄如何？有持持續性（Consistence）的將它做好嗎？

　　我們可能會對一個人「所說過的話，所做過的事」而給予

深層信任

信任，它們都是來自外在的行為，它可以加工戴面具，這是「淺層信任」的階層，「深層信任」建基於我信任他因為我知道「他是誰」，這是一個人的本質，它的外顯就是品格。

　　每一個人都有五感「聽看觸聞舔」，這是神在我們人體的原始設計；在信任這個領域裡，也有五感「聽看觸感時」，「聽」對方怎麼說？「看」他有說到做到嗎？有機會「接觸」到對方和他有互動，這是「淺層信任」；再往下一個階層，我們在和對方的互動裡，有「感受」到他對我的關懷和善意，特別在「關鍵時刻（時）」當我需要幫助的時刻，他能「關注」到我的需要並及時的伸出援手，我對他的信任更加深了，會邁

淺層信任

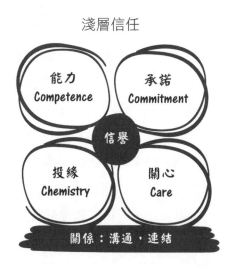

入「深層信任」的階層。

有句話說「**我不在意他有多能幹，直到我知道他對我有多在意**」（I don＇t care how capable he is until I know how much he cares about me）。

比如說在服務業裡，幹一個銷售人員或是保險業專員，常常要面對不同的客戶，需要有在最短時間內建立淺層信任的能力，有句話說：「要先賣掉自己，再賣掉公司，最後才是賣產品」，這話不假，但要如何找到著力點、開啟這個連結點呢？最簡單的方法之一就是在現場找到一個對你自己有感覺或是感動的人事物，然後開啟話題，自然而發，不要勉強做作。

比如在客戶的會客室裡，你看到他的擺飾，照片，證書，畢業學校，甚至名片設計都是很好的題材，我印象非常深刻的一個案例是一次我們拜訪一個經銷商，總經理出來接待我們，他那天配戴一條四方形的領帶，我的老闆馬上認出來，說了一句「我喜歡你的領帶，這和你個人的風格很配」，你可以猜這個會議的結局了；另外一次我拜訪客戶，在對方桌上看到一幅非常有特色的油畫，我就好奇的問「這是你是收藏嗎？非常的有意境！」他馬上回答「這是我自己的作品」，他花了許多時間告訴我這幅畫的故事，最後的結局你也可以猜得出來。

在企業組織裡，許多的員工都是處在「淺層信任」的層級

裡，所以過去企業沉迷於「員工滿意度」調查，這是一個條件式的信任；今日領導人的挑戰是如何將這些員工駛入「深層信任」階段？答案就在於「員工投入度（Employee Engagement）」的調查，激勵機制也要做一番的翻修，不再只是獎勵績效或是行為，「贏者為王，贏者通吃」，要激勵好品格，激勵冒風險，激勵失敗後的再起精神，激勵願意分享培育人才的主管…等。

" 東西方文化的差異 "

有人說東方的文化一般來說比較是起始於不信任，你需要花時間建立你的信任基礎，才能贏得對方的信任，比如說進出某些名貴商場要檢查包包，商店裡頭都是電眼，進入工廠不准帶手機或是電腦，也沒有「30天退貨」的機制，所以一般來說，**你的信任是一點一滴贏得來的。**

在西方可能有不同的做法，對方會先信任你，可以到處遊走，沒有店員會盯著你看，可是當你犯了一次規矩後，你需要花更大的力氣來重建他人對你的信任。

以上所說的案例我個人的歸結是「一般性的淺層信任」，當面對需要「深層信任」的主題時，無論是東方或是西方所表現出

來的行為都是一樣「必須贏得對方信任」，那些屬於深層信任的範疇呢？安全，生存，生命，健康，財富管理，貸款 .. 等，有關於我們個人基本生存和安全的領域，我們沒有太多的選擇，而且不容失敗。

" 虛假群體 "

在社會或是組織裡，有兩種不同的群體，一個是「虛假群體（Pseudo Community）」，相對的另一個是「真誠群體」，這是心理學家史考克・派克（M. Scott Peck）所觀察出來的社會現象；面對不同的群體，我們常常穿戴著面具和保護殼出門，也不敢隨便告訴你「我是誰」，不敢告訴你「我的看法和我真實的感受」，怕因此被攻擊，怕被批評輕視或是被傷害， 當然就更不會主動伸出手來，讚美鼓勵或是欣賞他人的優點了。

最常看到的現象就是「開會閉口無言，會後牢騷一堆」，「上班一條蟲，下班一條龍」，臉書社群裡的朋友更具代表性「假名說真話，真名說假話」；相對的，「真誠群體」則是有自信心，感覺安全，願意互相認識，互相支持，彼此欣賞，接納不同。

　　我在課堂裡，常會讓學員回答我們所最關心的三種關係,：家庭，工作和交友。各位讀者認為通常有多少人自認他至少有一種關係是處在「虛假群體」裡呢？結果是，常會有超過一半的人舉手；我再問：「你希望處於這樣的關係中嗎？」大家則靜默無聲。

　　要怎麼破解這種困境呢？這要回到我們前文提過的幾個重要信任的素質：「權力與愛」,「勇氣，謙卑，紀律和展示自己的脆弱」，需要有人有勇氣來打破這薄冰層，以愛心和謙卑的心來說出真話，就是他的感受，展示出自己的脆弱，感於說出團隊裡那國王的新衣，比如像是這樣的話語：

　　我個人的感受是：我們並不像是一個真誠的團隊，坦白的說，我心中有一堵牆，我的想法和感受不敢直說，會有保留，對於你們的話，我也沒有以完全接納的心來聆聽接納和信任，常常想到要保護自己，我相信這是我個人的問題，請你們幫助我！

　　當有第一個人選擇放下武器，以愛來尊重包容和接納他人時，整個團隊每一個人中間的牆就開始斷裂了，人與人間的橋樑開始被建立，這需要一些時間，這是一個「一報還一報」的正

向實驗，當有人伸出第一支棕櫚枝時，骨牌效應會繼續擴大。

" 組織裡信任的極境挑戰 "

檢驗「虛假社群（團隊）」和「淺層信任」的方法很簡單，一個是「情感鏈接的程度」，另一個是「就事論事」；對於一個經營者，我們常常會面對這個「極境挑戰」：在海外設廠或是設點，對於當地的人才我該如何信任他們？我是否該投入和關鍵員工和他們家人的情感鏈接？

每一個經營者心裡都希望能做到「疑人不用，用人不疑」，但是基於過去失敗的經驗，讓自己心中再建立一道圍牆，就是組織裡的玻璃天花板，讓這些在地的人才走不過來，結果是造成更多的惡性循環，我們叫做「Learned Hopelessness（明知的絕望）」不信任的氛圍，在這樣的組織裡，你又如何留住人才呢？信任是一個冒險，必須持續的積累才會建造出「正向的循環」，它的效果也才會顯現出來。

" 叛將 "

在第一章我們提到一個「叛將」的案例，如果員工和企業

的關係僅止於「淺層信任」，那用「叛將」是否會太沉重？在回答這個問題前，我們先來釐清，社會對叛將是如何定義的？是能力績效不好嗎？沒有遵守承諾嗎？還是沒有堅持的做完一件事？這都不是，也不會是，構成叛將的理由是這些人碰觸到「深層信任」的場域，那是「品格」，不管是「帶槍投靠」或是「投奔敵營」或是「貪贓枉法」，這都是「品格」的範疇。

" 「疑人不用，用人不疑」的信任文化：領導人的挑戰 "

如何能達成「疑人不用，用人不疑」的信任文化？領導人才能專心的從事管理與領導，團隊建設…等組織的日常運作，這裡要觸及的是一個組織的潛規則「人才培養法」， 每一家企業都有他自己的秘方，這裡要分享的是我的秘方：「**品格第一，極境歷練**」，這也是一些傑出企業的潛規則。如何落實呢？請參見下頁的圖。

圖中的「專案經營」在考驗一個人敢於冒風險的能力；反敗為勝則是「經歷過失敗才算是真成功」的體驗；這還是個人的能力建造，許多組織的人才培育法就是將這些「高潛力人才」放進蒸籠裡，給他們歷練的環境，併購專案，新市場開展，新技術發展，甚至於做關鍵決策……等，讓他們經過壓力競爭和

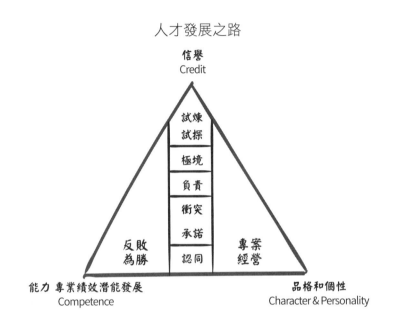

人才發展之路

失敗的歷練，投入一個「極境的環境」，看他們如何表現？退縮還是敢於承擔風險？ 如何做決策？又是如何啟動資源和團隊成員合力共創的？ 共同經歷過極境的人，他們間的信任度會被高度強化。

最後，才能有機會爬上權力階梯，「認同」是「由我到我們」的基礎，由「淺層信任」的承諾邁向「深層信任」的衝突和承諾，願意付出參與貢獻，願意做導師教練，敢於表達自己的看法而冒衝突的風險。

　　當人越靠近權力核心，最後的一個「極境關卡」就是人性的四大弱點「**名，權，錢，色**」的試探和試煉，我叫它 4G（Glory，Grip，Gold，Girl），在《聖經》裡的說法是：「**肉體的情慾，眼目的情慾，今生的驕傲**」。

　　許多高管或是高官的落馬，最後就是卡在這一關，這是品格最具挑戰的一環，但是必須經過試探（Temptation）和試煉（Purification）才會浮現出來；試探是下坡路，非常的順暢人也多，但它是通往敗壞和死亡之路；試煉則是相反，是條上坡路，艱困難行，唯有非常堅毅的人才可以跨過，這是通往榮耀冠冕的窄路，一個敢於面對試煉的人，他的動機來自於追求更高更遠的目的或是意義，願意放下自己的私慾或是短期利益，願意面對犧牲，奉獻，忍耐，節制，謙卑不驕傲，被破碎，願意饒恕他人的過犯，單單的只有愛接納和包容，沒有愁容，只有堅毅的盼望；這條路上並不擁擠，因為選擇走這條路的人少，能堅持的人不多，它更為珍貴；一個成功的人，職位越高，權力越大，建立信任所需要的時間越長，要經過的試探和試煉也越多。

　　信任不在「風和日麗，一帆風順」的環境下長成，也不是只在感覺和理念層面下建立；真正的信任在「困境，誘惑的試探和試煉，極境」等暴風雨考驗下得以堅立，信任來自於「風雨中

的寧靜」；聖經說「信心若沒有行為就是死的」，又說「信心因著行為得以成全」；人與人間的信任也是如此，信任若只是停留在「心思意念」的階段也是死的，作為組織主管的重要責任之一就是每一天努力建造信任的試煉場，讓人與人間，人與組織間的信任能更紮實更強化，可以透過高挑戰性的目標，面對困境或是新的專案，來歷練員工的「主動參與和合作精神，為大我的犧牲奉獻精神，合作共創的精神，經由對話來化解衝突面對挑戰的精神，同舟共濟的冒險患難精神…。」

"誘惑力測試"

　　有個非常有經驗的船長每次經歷過一段暗礁區都非常順利，沒有發生過任何的問題，看他的航海地圖也和大家的都一樣，有人問他是怎麼辦到的？他的回答簡單清楚：「我將船開到水深之處，遠離暗礁」；太多聰明人努力控制自己或是在組織內建立規則制度或是 SOP 來強化管理避免事故發生，但是有智慧的人在面對誘惑最佳的策略也就是「遠離事故區」，在本書尾聲前，我們來看一個非常有意義的實驗。

　　美國紐約州立大學阿爾巴尼分校的穆拉文教授做過一個抵

抗誘惑的心理學實驗，他邀請十個學生聚集在兩個房間內，各陳放一盤剛烤好熱騰騰的熱餅乾，他告訴參與的人要忽視那盆餅乾，這是為了評量他們的「抵抗誘惑的能力」，不同的是，他對第一組的人用溫和的語氣說，「謝謝你們撥出時間來參與這個實驗，我要麻煩你們一件事，請你們不要吃那些餅乾好嗎？」

　　另外一組的人，實驗者則是用嚴厲而粗魯的語氣說：「不准吃這些餅乾，我們在房間裡有監視器，偷吃的人會受到懲罰」，說完後研究人員就離開房間，有五分鐘的時間，結果沒有任何人屈服於誘惑，再下來，研究人員再來了，他要每一個參與的人看螢幕的資料，如果先顯示出「6」，接下來顯示「4」，那參與的人要按「空白鍵」，這是做意志力的實驗，雙方在前十二分鐘都能保持專注，忽視餅乾，他們的意志力還是能用；但是接下來就不同了，被粗魯對待的人開始走樣了，一直忘了按鍵，他們說累了，不能專注，研究人員發覺粗魯的命令使他們的意志力肌肉疲累。

　　為什麼被溫和對待的人有較高的意志力？研究人員發覺當中感受到「控制感」的差異；當一個人感覺做這件事是自己的選擇、對自己有意義，或是他們開心做的事時，那做那件事就不會那麼累；但如果他們覺得沒有自主權，只是在遵守命令，他們的意志力就很快會疲累，當一個人被當成組織裡的小齒輪

而不是人的時候，他自己的意志力就快速消失，相對的，抵抗誘惑的力量也變弱了。

相信這對於主管的你會有一些啟示，你和團隊的領導力，團隊的文化氛圍，還有員工自我的激勵，如何在你的組織和團隊裡，建造一個優勝美地？

" 為什麼喪失了信任？ "

建立信任的過程是冗長的，它需要時間的沉澱，靠的是一磚一瓦，一步一腳印，但是要喪失信任，卻是在短暫之間，一句沒有誠信的話或是說話不算話，沒有對的行為和你的言語來對應，沒有「言出必行」，以前信任你的人會開始和你保持距離，甚至離你遠去。

在本書結束前，希望你對於組織「信任文化」轉型已經心有想法，對於本章開頭的幾個問題，相信你可以輕易找到自己的答案。

- 為了促進組織的信任程度，你可以怎麼做？
- 哪些指標或是行為方式，可以來衡量我們的信任度？我們是否有在進步？

- 哪些是信任度的關鍵課題？
- 組織內建立信任最大的困難或是阻礙是什麼？你會如何克服？
- 企業內哪些規則或是潛規則違背信任原則？你會怎麼處理？

" 結語：雁行團隊的啟示 "

這是我們大家都熟悉的故事：有人對「大雁飛行現象」研究後發現，大雁在成群結隊在高空飛行過程中，始終保持 V 形隊形，由於集體飛行所產生的氣流作用，比單飛的效率增加了 70% 以上。

大雁飛行原理在團隊經營中有很多啟示，它最中心的思想就是「大家要努力賣力合力的共同面向目標飛翔」，領導人很重要，更重要的是那心中那「團隊信任」的血脈，信任之於團隊，猶如風之於航行，它摸不著，但是關鍵，你認同嗎？

我們所熟悉在組織裡的幸福感，除了來自自己內心的「感恩，活在當下，饒恕人」之外，「被尊重被信任」是組織成員最重要的幸福泉源。它是組織競爭力的秘密武器，它好似風無法掌握，它也好似人體的神經網絡非常的敏感；我自己也以戰

戰兢兢的心情來寫這本書，我們都會認同「信任」對成功的組織是關鍵的能力，我希望自己能在這個主題上做出貢獻；這本書也許能在暗室裡點燃一盞燈我也承認它的亮度還不夠強到可以照亮整個房間，還是沒法成為你「信任的必勝手冊」，還有許多的問題無法解答，還有更深的領域必須探究。

　　這只是開啟暗室的第一盞燈，相信還會有更多的專家學者能在這個課題上做更深入的研究，帶引我們進入更深層的領域，幫助我們面對更大的挑戰，我個人對此滿懷期待。

RAA 時間：反思，轉化，行動

- 哪些人或是組織，你敢於對他們「用愛心說誠實話」？特別是一些逆耳的忠言而不怕受傷害？

- 哪些人或是組織，你認為該建立深層的信任關係？

- 你願意怎麼做來達成這個目標？

大寫出版 In-Action! 書系 HA0069

│如何讓改變發生│系列 ①
我們憑什麼信任？——傑出組織的秘密武器
TRUST IS THE KEY TO MOVING FORWARD

© 2016，陳朝益 David Dan

著　　　　者　陳朝益 David Dan
行 銷 企 畫　郭其彬、陳雅雯、王綬晨、邱紹溢、張瓊瑜、蔡瑋玲、余一霞
大寫出版編輯室　鄭俊平、沈依靜、李明瑾
內 文 插 圖 素 材　Designed by Freepik
發 　 行 　 人　蘇拾平
出 　 版 　 者　大寫出版 Briefing Press
　　　　　　台北市復興北路 333 號 11 樓之 4
電　　　　話　（02）27182001　傳真：（02）27181258
發　　　　行　大雁文化事業股份有限公司
　　　　　　台北市復興北路 333 號 11 樓之 4
24 小時傳真服務　（02）27181258
讀 者 服 務 信 箱　andbooks@andbooks.com.tw
劃 　 撥 　 帳 　 號　19983379
戶　　　　名　大雁文化事業股份有限公司

初 版 一 刷 2016 年 9 月
定 價 新 台 幣 320 元
ISBN978-986-5695-56-9

國家圖書館出版品預行編目 (CIP) 資料

我們憑什麼信任？：傑出組織的秘密武器 / 陳朝益著
初版｜臺北市 ｜大寫出版：大雁文化發行 , 2016.09
272 面｜ 15*21 公分｜知道的書 !In-Action ; HA0069)
ISBN 978-986-5695-56-9(平裝)
1. 組織管理
494.2　　 105015737

How to
make change
happen?

如何讓改變發生? 系列叢書

How to
make change
happen?

如何讓改變發生? 系列叢書